金牌業務的90%成交術

從百萬到百億的銷售絕學

王者教練
聶繼承——著

金牌業務的90%成交術

從百萬到百億的銷售絕學

目錄

貳、搶下90%訂單，與客戶談判的不敗技巧

自序

我的工作從七〇年代開始。剛出社會時，薪酬不是我的憂愁，但沒有方向感，卻讓自己很困惑。不怕什麼都不會，就怕怎麼學都不會。有一次，去聽一位汽車銷售女王的演講，她說：「不用花時間找適合的工作，而是花時間找方法來工作。」

第一次陌生拜訪時，成功率不到十分之一。於是，怎麼讓自己進步10%，就是我無法迴避的課題。經驗告訴我們，「怎麼想的，才會怎麼做。」這本書，沒有絕招，只有方法與指引。願意認同，並且去實踐，它就是葵花寶典。否則就會像釋迦摩尼所講的那句話：「人之所以痛苦，在於追求錯誤的東西。」

一開始閱讀，大家可以把這本書當故事書來讀。到了行為拆解時，速度要放慢，用心去體會我所分享的做法，讓這些做法開始跟你靠近↓認識↓交流↓神會↓融合。

大家如何閱讀這本書，我的建議如下：

1. 看完每一篇，你都可以停下來「融合」自己的工作。
2. 我所建議的行為，要先想透它的意義及作用。
3. 用最慢的速度「理解透徹」，但用最快的速度「徹底執行。」
4. 碰到不懂之處，可以到「王者教練」粉絲團尋求協助。
5. 讀這本書，重點在檢驗自己的問題，無需逃避抗拒。
6. 如果你願意照書中建議來調整自己，保證會有驚人的進步。

故事，對當事者來說都是「刻骨銘心」但不會重來。當中有很多類似的場景一再發生在你我的週遭。如「無情的被拒絕」、「機會渺茫想放棄但沒勇氣」、「不被看好的逆轉勝」、「無心插柳柳成蔭」、「置之死地而後生」……等。這些的結果，我們無法控制，端看如何抉擇，所以才會有人說：「選擇比努力更重要。」

從基層走到高階，從不會到會，從中庸到卓越，正所謂的「十年磨一劍。」生涯中的每一幕，有如一部沒有劇本的電影，時而精彩，時而苦澀；時而勝券在握，時而萬念俱灰。但最終的結局，其實都握在我們自己的手中。在這個連遊民都需要努力奮鬥的年代，我們怎可選擇安逸呢。有人苦了數十年才換來的成就，沒有道理在我們這裡就會「垂手可得」。

怎麼看這本書不是很重要，重要的是「怎麼看待自己的人生」。所以，這本書希望跟你作伴，協助你縮短減少擘劃未來的時間跟錯誤。主角是你，劇本自己寫，自己導演。我們不能老是買票進場看別人成功的故事，為何不能讓別人也買票來看自己的成功故事呢？很期待「我們的人生，我們自己選擇」。

王者教練 聶繼承 顧問

推薦序

從聯強的「教育班長」到企業界的「教育班長」

認識聶老師已是大約二十多年前的事了，當時正帶領著業務團隊高速成長的老師，與當時還是良興採購的我，共同合作達成雙方業績十倍數的成長。那時老師在聯強被稱為「教育班長」，致力於人才培育及團隊管理。因為熱愛業務工作，從基層做起，精於業務技巧的創新、執行力的實踐和業務管理的規劃。

早期的代理商大多不直接面對客戶，聯強是透過厚厚的一本「補貨超市」和效率的內勤接單系統，就搞定了大部份的業績。聶老師開啟了顧客關係管理和大型經銷客戶的互助合作，老師親自來到門市（最接近地氣的地方）落實現場主義，盤點並針對客戶的需求和特性，引進原廠的資源，快速地協助客戶在產品力及銷售力的提升。那時正處在產業高速成長的環境，在系統化及數字化的管理及團隊運作下，聯強成為當時大部份經銷商合作及進貨佔比最高的供應商伙伴。加上精準的物流和金流管控，替聯強打下了在台灣數百億的ＩＴ通路帝國。

「是相信才看到，還是看到才相信呢？」是協助客戶做生意，營收成長後帶來進貨的增加？還是等到客戶營收成長，再來看看有沒有機會收單？如果是前者，客戶會心存感激，並在業績增加賺錢後不跑單；若是後者，當客戶進貨量變大時，誰能提供便宜成本就和誰下單。若不付出「拓荒者精神」拚搏，就很容易在市場「洗牌效應」之下陣亡。是「經營」而非只是做生意，這是我在聶老師身上學習到的。

這些年來從聶總到聶老師，可以看到老師在知識領域及管理技能的不斷提升，及在人生閱歷上無數的歷練和體會。在多年後，有幸再次聆聽老師的分享，可以感受到老師心中更強大的能量，不藏私傾囊相授，加上許多實戰案例，有如實境般的重現。在這趨勢變化快速，軟硬實力都需兼備的時代，老師無數的兩岸企業內訓及演講，已經帶給許多企業在業務增長及策略經營上有著莫大的幫助。而今藉由這本書籍的誕生，相信更有機會帶給台灣各行各業，在經營管理和變革定位中，深層的影響及貢獻。這不只是一本工具書，更將是老闆們在經營和心靈上最好的陪伴書。

良興股份有限公司總經理 賴志達

推薦序

真誠處世、相信自己、作好準備

電影阿甘正傳有一句話：「人生就像一盒巧克力，你無法預知會吃到什麼口味。」每個人的人生都只有一次，無法偷看，更不能重來。到底要過什麼樣的人生？如同作者說的「選擇比努力重要」，我一直認為「真誠處世、相信自己、做好準備」，這是面對社會瞬息萬變最好的方式。

我在臺灣唸完大學，到美國攻讀碩士、博士，接著在美國當地律師事務所工作。讓我印象最深刻的是，美國的雇主看的是求職者有無具備公司需求的「專業技能」、「解決問題能力」，本書提到的內容，大部分也是我在美國工作時會遇到的狀況與縮影，因此撰文推薦給大家，用心思考、慢慢體會，讓書裡建議作法，內化成屬於自己的能量。

作者一份工作做了三十幾年，令人敬佩的不是他現在的地位與成就，而是每次看到他，永遠是專心投入工作，展現出對工作的無比熱情，對於書裡提到的「三頭六臂」，「九彎十八拐」，「永不停歇的勇者」，「業務無神人」等故事，內容除了發人深省，更可以看出作者積極向上、永不放棄的鬥志，希望對初入社會的新鮮人、工作一段時間正在迷惘是否轉換跑道的人，能有所啟發與幫助。

本書作者用三十篇主題故事，透過實例的經驗傳承，希望減少讀者錯誤摸索的時間，甚至不要重蹈覆轍。裡面提到的銷售絕學，更是作者的獨家心法，相信從事業務的讀者，看了之後，對於觀念啟迪、面對困難應具備的態度、甚至是實踐的方法與行動，都會有所收穫。

這本書有一個很特別的地方，在於每一篇故事最末都有摘要、表格讓大家運用，很少看到市面上的暢銷書會提供「摘要、表格」提醒讀者本篇重點，甚至鼓勵大家努力實踐在生活上。作者「以客為尊」，站在讀者角度立場思考及服務的特質，您感受到了嗎？

我個人特別推崇的心法及心得：

1.競爭者在等待機會時，你要為自己創造機會。
2.看到自己的缺點，才有機會贏在競技場。
3.膽識與堅持，需要永不滿足及常保傻勁的心智。
4.理想重要的不是結果，而是追求的過程。
5.付出努力很少能馬上取得成果，你想清楚了嗎？
6.不能因「鄙視現狀」，而去「揑造空洞」的未來。

……其他心得，就等待讀者去體會跟感受了！

從這本書中，有許多作者的「勵志心語」，書中提到職場四大關鍵的重點：自我成長、自我管理、自我競賽、自我問責的真實運用，值得您帶回家好好閱讀，並且在職場上實踐。

隆重推薦這本二〇二一年值得您一讀再讀的好書。

立法委員　蔣萬安

壹、讓業績翻倍的業務致勝心法

第一課

一顆進取心，勝過三頭六臂

以前台北衡陽路上，開著很多家綢布莊。剛退伍的新業務經常經過這條路，因為他的公司就在附近的懷寧街上。那時的他，神情有些茫然，步伐也不夠堅毅。其實，面對人生不斷出現的曲折和枴點，他總是感到「不知所措」。

有天中午用餐時，他如常地經過這家門庭若市的綢布莊。特別多瞄了整天都在這門口賣獎券的老婦。為什麼她總是帶著微笑？為什麼她不怕被拒絕？為何她可以沒賣出一張券，明天依然出現呢？突然一個想法跳出來了，原來她心裡早就預備要「接受現實」了。

於是，那天他很快吃完中餐，心裡迫不急待地告訴自己，今天下午就來個衡陽街「掃街之旅」。不必問，會不會有成果？做就對了，至少可以振作起來。於是，他一家一家的做陌生拜訪。當然，他那天最大的收穫就是「面對洗禮」和「不必當真」。因為，沒有被愛戴，也不一定是真的。

所以，衡陽路的商家，就成為陪伴他的「成長鄰居」。終於，他那「無可救藥」的積極，為他帶來了一個生意機會。一家綢布莊問他，「你們公司有賣影印機嗎？」

從那一天起，滿腦子的「沙盤推演」為他長出很多的創意和力量。原來他過去之所以「不知所措」，是來自於他對工作沒有「進取心」。

當他第一次面對客戶滿桌子上的名牌目錄時，他下定決心，要「贏得勝利」。他想，如果不熱中業務上的賽局，哪來的競爭動力呢？所以，他更加的專注找出問題解決的方法與方案。但擺在他眼前的是，如何列出要日益精進的行動計劃？而這些行動必須有效的締造被信任的能量。

業務的樂趣，在於打破停滯不前的貧乏及日復一日的空洞。他每次一定要在進客戶店頭時，跟每位銷售阿姨熱情打招呼。帶個點心或小禮物給總務小姐。有一天，總務姜主任，把他拉到一邊說，「希望到他公司時，不要那麼大聲叫他姜叔叔，怕別人誤會我們有關係」。此時，他不假思索的說，「我父親教導我，一定要尊敬長輩，所以，我不能只稱呼您姜主任，我不習慣沒大沒小的」。

最後，他贏了。他為自己贏得站起來的機會，這一刻他不需要再畏畏縮縮了。隔天，一家競爭者打電話到他公司來。劈頭就說，「你是○○先生嗎？」、「我們可以見個面認識一下嗎？」、「我很想看看你是不是長了三個頭，六個臂？」。

什麼是業務該有的「進取心」呢？就是不要落入「只能這樣」、「我已經盡力了」、「我還能怎麼辦」的思維陷阱。我們深信，「一方水土，養一方人」。若不能找出可以突圍的差異行為，且不斷的日益精進。那就只能帶著被淘汰的焦慮，一路在黑暗中前行。

培養「進取心」要有「義無反顧」的心態。「患得患失」只會阻礙你的「全力以赴」的動能。

以下，我們來檢驗自己的進取心：

1. 持續拉高標準，永遠是對的。
2. 把缺點轉成可以改善的特色。
3. 把客戶當成你，並為他們打氣助陣。
4. 不斷從自己的失敗中，學到教訓。
5. 事情不要做多，而要做好，並好好存檔。
6. 準備好就徹底執行，同時保持真情流露。
7. 練好擋子彈的本事，且要優於過去的自己。
8. 做一隻隨時可以奮起的孤狼，樹立自己的門規。

---

9. 學習不打高空，不要「假專業，假努力」。

10. 放膽行動，為自己找到好的起點跟終點。

行動規劃表

行為	代碼	行動規劃	行為說明
觀察本質	O		寫下對情境的「真實感受」。
建立信任			公開自己的長短處，價值觀。
買到門票			用雄心企圖激勵自己走到前頭。
製造困競			放掉一切的「保護與依賴」。
樂觀心態			「操之在我」且「反求諸己」。
幻想成功			把「自我超越」做為最重要的訴求。
站據舞台			隨時站在「先發制人」的前端。
動之以情			共同承諾，也互相期許。
身體力行			用腦到底，用心做到「問心無愧」。
總和			

註：在每篇文章結束時，可利用行動規劃表，記錄自己是否有達成目標，首先將每種行為自行取一個易記的英文縮寫（例如表格中的示範），填在「代碼」欄位中，每當做到其中一個行為時，就在「行動規劃」欄位中記錄次數，一週結束後，在「總和」欄位中寫下做到哪些行為的代碼，並計算達成這些行為的次數總和，就可以每週檢視自己行為與成果之間的關聯程度囉！

想想這位業務的「奮起行動」，靠著自我的「挖掘進取心」。讓自己的進取心匹配上自己的工作，同時亦擺脫了「志在參加」的精神煎熬。於是，拆解之後，我們得出了以下的可貴行為：

做好「進取量能」儲備後，仍然要聚焦在六個「看板管理」上。如「非做不可」、「一路戰鬥」、「天天小改」、「建立障礙」、「做出典範」、「要有成果」。

課後摘要

1. 非做不可：每天列出三項兼具價值與意義的工作。
2. 一路戰鬥：落實目標的實踐，並嚴格設下「檢驗點」。
3. 天天小改：學習修正自己，讓事與人得到和諧進步。
4. 建立障礙：開發自己的優勢，抬高競賽課題的難度。
5. 做出典範：有順序及步驟去挑戰過去的成功與失敗。
6. 要有成果：成就自己的同時，也要成就團隊。
7.
8.
9.

（註：留空的部份，讀者可以自行補充讀後心得喔！）

表格1　A咖業務在工作中的七個元素

- 懷抱信念
- 充份準備
- 積極參與
- 聚焦學習
- 紀律運作
- 即時應變
- 成果檢討

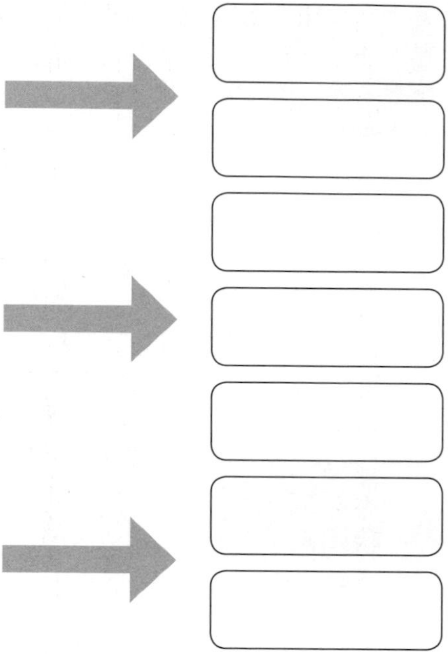

NOTE

範例：

· 懷抱信念→永不放棄。
· 充分準備→1.新客戶：客戶產業競爭。
　　　　　　2.老客戶：客戶未來發展。
· 積極參與→客戶年度目標。
· 聚焦學習→職能弱項。
· 紀律運作→良好的運作模式。
· 即時應變→問題處理。
· 成果檢討→績效差異

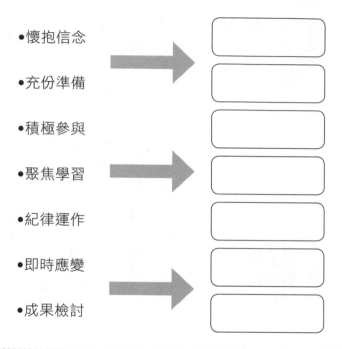

第二課
永不停歇的奮鬥者

時光荏苒，歲月如梭。欣賞過去他在業務上的那種「賭一把」的豪情與狠勁，但也慨嘆生命之短暫與無情。他的生命竟然停止在三十四歲。那是一生中，「看得到奮鬥，看不到享受」的年紀。當年，是什麼樣的意志，讓他勇往直前？是什麼樣的信念，使他願意戰死沙場？他的猝逝，讓我們更貼近了什麼是「白髮人送黑髮人」的悲傷。

而今在「蕭蕭梧葉送寒氣，窗櫺秋風渡紅塵」的季節裡，容易想念，尤其是回憶一位「敢於面對人生，敢於挑戰自己」的業務勇者。他因為莫名的腦部病變，昏厥三天後撒手西歸，那是一個孤單生命的不幸。如果，有人問我，生者如何度日？我的答案是，「太難了」。

他從進公司開始，就很拚，那種一天當三天用的拚。很少看他輕鬆過，總是眉頭深鎖。經常看他在大中午的，親自去庫房領貨送去給客戶。也有客戶當著他主管的面，稱讚他在他晚上關店後，陪他去吃宵夜的拚勁。

他年幼喪父，母親多年腿疾，所以身為家中獨子的他，腦中充滿著要「如何讓自己更優秀」、「如何讓自己更值錢」的思維裡？在他身上不是「貪狼性格」，而是「牧民性格」，一種不管環境如何，都要一直奮鬥下去的性格。

他在公司的三年裡，業績始終名列前茅。幾乎都超標150％以上。所以在他身上，最可貴的是「超越自我」。數字目標只是一種參考指標而已。終於在一次聚餐酒酣耳熱時，他透漏了三個經營客戶的密訣：(1)「貴人般」的接觸、(2)「知己般」的交心、(3)「僕人般」的陪伴。

業務從來沒有一蹴可及的，凡事都不簡單，只有不斷的付出，才會有成就。雖然他只有短短的三十四年生命，他卻竭盡心力去「面對夢想」。這些年，他的故事就像哈利波特的故事一樣的精采。一遍又一遍的被傳誦，一次又一次的活在每個聽過他奮鬥故事人的心中，永不止息。

自古以來，好像每段英雄故事，都是令人感到無比悲壯，無比的惋惜。他的故事，雖然平凡，但很勵志。二十幾年過去了，沒人提起，會淡忘但仍然鮮明。當年他那只有兩歲及八個月的小孩，不知會用什麼方式來詮釋他們「一直在奮鬥」的父親？令人好奇，也令人心酸。

人生最寶貴的是，從認識自己開始，再用「乘風破浪」之勢，勇往直前，不妥協，不怨懟。他的生命雖然短暫，但與他無關；天有不測風雲，但他只會「風雨無阻」的奮鬥。

想念一個人，你我都有自己的方式。但我想用以下十個信條來緬懷他的奮鬥精神：

1. 寫下「奮鬥」的意義，讓它能代表你的價值觀。
2. 奮鬥本身是一種快樂的「學習成長」過程。
3. 「自我超越」才是奮鬥的最高境界。
4. 「面對挫折」常思不足之處，並要「自我肯定」。
5. 不怕犯錯，不裹足不前，更不能眼高手低。
6. 將奮鬥過程變成「有結構有意義」的生活本能。
7. 相信自己的每一段奮鬥，都是邁向成功的力量。
8. 透過奮鬥來教育自己，也用教育自己來灌溉奮鬥。
9. 確認每天的工作價值，精煉對挫折的忍受力。
10. 找出自我的樂觀係數，拆解困難與問題。

剖析他的奮鬥行為，其實是很平凡，但最大的差異在於，他永遠「信以為真」、「永不放棄」的執著。以下是他的密技，也是一帖「業務良方」。

經過多年的淬煉，我們終於可以整理當年他在業務領域的成功心法，那就是「伙伴關係」、「創造認同」、「相互成就」、「志同道合」、「樹立里程」、「結合使命」。

行動規劃表

行為	代碼	行動規劃	行為說明
工作投入	I		別浪費在三年內沒有成果之事。
真心溝通			每次練習說出三句真心話。
分享知識			每天分享知識，不管是否有讚美？
聆聽意見			寫下別人真心要你聽進去的。
感激顧客			經常寫一段感激別人的話，寄給他。
換位思考			不否定對方「第一個」任何需求。
幫助決策			練習用「如果是我」表達自己的想法。
兌現承諾			主動邀請別人為自己的信用打分數。
善用時間			寫下每天任何可能成功的機會。
燃燒能量			每天檢視那些「今天不做，明天會後悔」的事？
總和			

註：在每篇文章結束時，可利用行動規劃表，記錄自己是否有達成目標，首先將每種行為自行取一個易記的英文縮寫（例如表格中的示範），填在「代碼」欄位中，每當做到其中一個行為時，就在「行動規劃」欄位中記錄次數，一週結束後，在「總和」欄位中寫下做到哪些行為的代碼，並計算達成這些行為的次數總和，就可以每週檢視自己行為與成果之間的關聯程度囉！

課後摘要

1. 伙伴關係：建立沒有「居心和包袱」的共生系統。
2. 創造認同：把雙方用「安全感」與「歸屬感」抓牢。
3. 相互成就：「扶弱與濟貧」是最高指導原則。
4. 志同道合：用「對話與付出」，產生信任的默契。
5. 樹立里程：立下「幫助成功」的模式，放在日常運作中。
6. 結合使命：用「堅持」譜寫雙方的「成功情懷」。
7.
8.
9.

（註：留空的部份，讀者可以自行補充讀後心得喔！）

表格2　金牌業務的蛻變過程

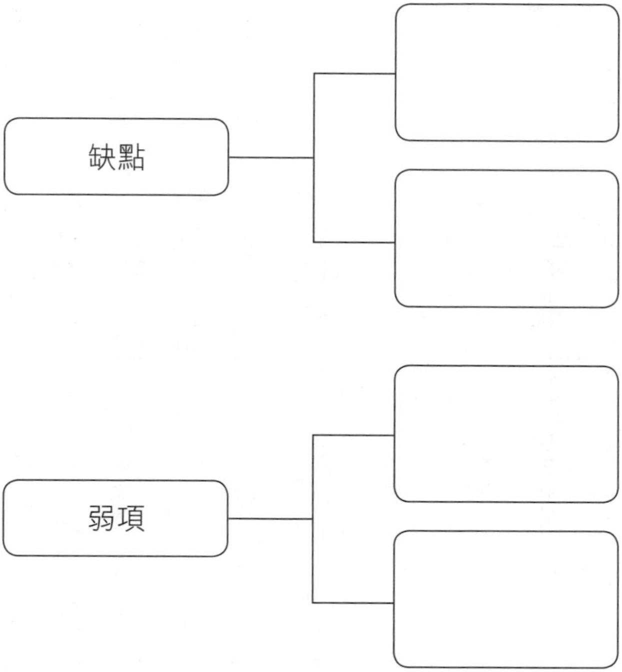

NOTE

範例：
缺點→檢討習慣。
　　→詢問客戶。
弱項→請教高明。
　　→適當示弱

第三課

相信自己，等待天降甘霖

有一位事務機器的新業務，剛上線時，因為公司缺乏業務訓練。以至於，他每天都在做「業務自由行」。有一天，一個公家單位需求一台小型印刷機。於是，他與高采烈的跑去，看能不能買到一張參賽的「月台票」。

到了這個單位，櫃台就說，課長有交代，沒有跟他約的，一律不放行。慘了，好不容易看到月台票窗口了，卻不賣票了。怎麼辦？如果一直進不去，見不到關鍵人，就沒戲唱了。

突然，他有個「去堵人」的念頭閃過。但要怎麼堵呢？萬一對方不高興，從此拒絕往來，不就「魚死網破」了？堵到了，又如何呢？我一定要這樣做嗎？沒有別的方法嗎？想到此，他開始猶豫起來。

這一天，他選擇下班時間，又來堵人。這一次，在單位門口跟課長堵個正著。課長年約六十幾了，白髮佈滿兩鬢了。但是說起話來，還是中氣十足。課長跟兩位同事，拿著桌球拍，就往巷子鑽。年輕業務一路跟著，一面說明來意及自我介紹。課長，面帶笑容，改天再說吧！但年輕人，不想浪費這難得的機會，於是跟課長提出，他想去看課長「打球的英姿」。沒想到這句他這輩子從來沒說過的一句奉承的話，竟然敲開了就近接觸課長的大門？

在桌球場裡，他負責拍手叫好及幫課長他們撿球。雙方打得激烈，他在旁邊也投入的喊得兇！當時感覺，就像跟初戀女友約會一樣，令人難忘，也令人雀躍。後來有一次，剛好當時有一支瑞典的國家桌球隊來訪，並賣票在體育館比賽。於是，他前一天去買了兩張票，然後再去堵課長，並邀請課長隔天一起去觀賞。課長答應了，並且說明天早點來，我先請你吃晚餐，再去看球賽。這一刻，他感到他是全世界最幸運的人。

最後臨門一腳的是快到開標期前一星期。那天，課長請假，他撲個空。但到樓下時，他又臨機一閃，跑到公用電話亭，拿起電話打到課長上班單位，假裝是課長多年好友，隨便念了一組號碼，要課長女同事確認一下。於是，神奇的造訪課長宅第之旅上演了。

跟經理報備後，他判斷電話號碼，應該在士林北投一帶。於是，他選擇傍晚在士林忠誠路守候，等到夜晚降臨，就可來個「到府面試」、「不請自來」。電話那頭，課長很客氣說：用完餐，來家裡坐坐。當晚，電視轉播奧運棒球賽，但令他感到自在的是，課長全家人對他的讚賞。

這一夜，跟他閒話家常，詢問公司狀況。突然間，他感到自己好像是公司的老闆。最後，令人雀躍的是，課長要他明天直接送三張估價單來標案子。此刻，是他業務生涯的一大勝利，也是他公司的一大勝利。晚上十一點多的中山北路，一路上有他這輩子最響亮的口哨聲……還有快樂地哼唱聲。

單純的動機，堅定的「相信自己」，讓這位菜鳥業務，建立了被信任的基石。課長給了他一張寶貴的訂單。其實，是給了他一筆巨大的人生「信任訂單」。這種全心投入，「不疑不懼」的工作態度，是職場上一股「心志淬煉」的力量。這裡面最重要的影響來自於「自我定位思考」～「我是怎樣的業務？我想成為怎樣的業務？」

沉澱內心，是每個人必須經常要做的功課。你是「日赴一日」，還是「日復一日」？就決定了你會做什麼？或者不會做什麼？業務工作千變萬化，但也沒那麼複雜。只要你找到自己正確的定位，並全力以赴，而且要深切的「相信自己」。

而業務「相信自己」的人格特質有哪些呢？你也有嗎？為什麼你沒有？是什麼奪走你的信心呢？以下的焦點，你必須用心的去

「看見真實的自己」。

1. 要快速地找到實驗「流星想法」的場域。
2. 要積極想要為自己爭取「上場」機會。
3. 遇到阻礙，不會退縮，而是勇於迎接挑戰。
4. 別人容易忽略的事，會特別重視。
5. 不被閒語纏困，不怕出發的太晚。
6. 不怕從零開始，不怕一路上的孤獨。
7. 不斷往前走，隨時都要有「突圍」的勇氣。
8. 不期待奇蹟發生，但「相信自己」就會有奇蹟。
9. 不靠聰明機智，但也不想一輩子愚笨。
10. 用自己的力量和素養迎接任何的機遇。

當你在工作時，最容易出現你腦海裡的「淨思維」是什麼？有時你害怕自己很懦弱，同時，你又希望別人看到你的勇敢。希望自己對工作充滿熱情，但又不希望徒勞無功。對於矛盾的自己，哪個才是真的？所以，你不能輕易論斷自己的能力與潛力之外，你更需要聽聽自己的「內在聲音」。同時，要經常要從客戶的回饋及閱讀書籍中去「發現自己」。

為什麼要去「發現自己」呢？因為，這樣才能慢慢找到「相信自己」的途徑。也因為做到了「相信自己」，你才不致於受各種情境的刁難。而這所謂的刁難，其實，總會有人「輕鬆以對」，有人「本能逃竄」。

上述業務的「堵人行為」到底是什麼力量讓他勇敢的這樣做呢？其實，連他自己都很驚訝那來的「無畏無懼」？正確的說是壓抑已久，渴望成功的企圖心，克服了「患得患失」的恐懼。拆解他的行為，我們可以歸納如下：

行動規劃表

行為	代碼	行動規劃	行為說明
好奇心	C		列出三項最想得到的答案
追事實			用一針見血的問題找答案
率先行動			先塑造環境再用行動訂規則
監控進度			列表找到障礙
情境模擬			務必找出核心價值的結果
即時實驗			請三組人做做看
自我承諾			找到對「自我評價」的深層意義
尋求認同			把「可能」跟對方分享連結
挑戰極限			熱烈追求自我成長的成就感
總和			時間統計

註：在每篇文章結束時，可利用行動規劃表，記錄自己是否有達成目標，首先將每種行為自行取一個易記的英文縮寫（例如表格中的示範），填在「代碼」欄位中，每當做到其中一個行為時，就在「行動規劃」欄位中記錄次數，一週結束後，在「總和」欄位中寫下做到哪些行為的代碼，並計算達成這些行為的次數總和，就可以每週檢視自己行為與成果之間的關聯程度囉！

「行為拆解」是一種可以讓自己不斷創造「被需要」的「挖心工程」。同時業務的路程中，更需要有紀律的填寫自己的「心靈計劃」。而決定計劃能否有效能的五大焦點如下：「隨時備戰」、「清除障礙」、「分享需要」、「獲取支持」、「保持樂觀」。

課後摘要

1. 隨時備戰：讓自己處於「一定有方法」的思維裡。
2. 清除障礙：養成以「正面結果」開始每天的工作。
3. 分享需要：習慣與別人有著各種「親密連結」。
4. 獲取支持：不斷用「相信自己」去讓別人「心悅誠服」。
5. 保持樂觀：用心投入，並享受其間的「柳暗花明」。
6.
7.

（註：留空的部份，讀者可以自行補充讀後心得喔！）

表格3　金牌業務飛輪效應

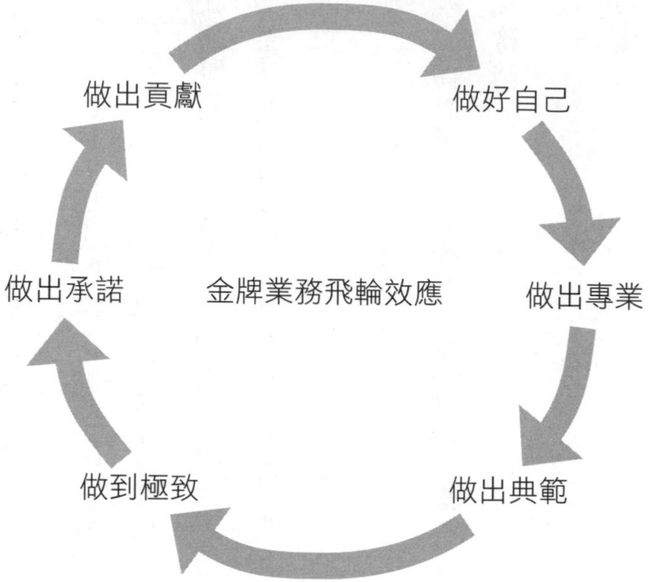

NOTE

- 做好自己：基本動作
- 做出專業：不斷練習
- 做出典範：找出成功方程式
- 做到極致：減少錯誤
- 做出承諾：拉高標準
- 做出貢獻：立下戰功

第四課

拿出真誠，跟恐懼說再見

早期事務機器的業務員的業務，主要是靠公務機關、學校、大型公司的需求而來。所以，經常可看見各家業務員穿梭其間。於是哪個單位有需求，大概都不是秘密，而哪位採購性格脾氣如何之事，自然不脛而走，被當成八卦在流傳。

有一個單位的女採購，更是出了名的壞脾氣，簡直令這些事務機器的業務們，聞她色變。所以，誰敢去挑戰她，或惹她，誰就是「巫婆剋星」。但其實沒人敢說他可以搞定這個大家口中的巫婆採購，經常敬而遠之。

有一家公司的菜鳥業務，在沒人告訴他地雷在那裡的時候，他卻一腳踩個正著，那天他的首次拜訪，名片就被狠狠地丟在地上。女採購說：「沒跟我約，我為什麼要見你？下次再這樣，我就叫警衛櫃台，把你掃出去。」沒聽錯，掃出去，這時的場景，真是嚇壞了這個菜鳥業務，也不知眼淚會不會掉下來？但他告訴自己忍著，不可以在客戶面前掉眼淚，除非是「喜極而泣」。

回到公司，他沮喪到「無所逃於天地之間」。心理想著，她為什麼要這樣對我？

如果每次都會有這樣的遭遇，我還會堅持做下去嗎？如果有更好的工作，我為什麼要選擇這種被人看不起的業務呢？但是，是不是我也犯了什麼錯嗎？這一念頭，讓他開始想，只要我能改正我的錯誤行為，學著理解採購的痛與煩，也許我不會再逃避，她也逐漸不會那麼討厭我了。不妨，給自己一個「跟恐懼說再見」的機會吧。

於是，他每次去，都先在外面朝裡面望，看到女採購確實忙進忙出，眉頭深鎖。尤其看到其他同事，好像閒閒的，如果是我，也會心煩氣躁的。再伺機問問其他同仁，得知單位老大非常器重她，所以在她求好心切的個性下，更加重了她的壓力。所以，他那次被掃到「風颱尾」，其實是他自己「走鐘踢到鐵板」。

後來，他都讓自己在門口待很久，偶而，採購也看到他。但只要她那天很忙，他大概待半小時就走了。這樣來來回回五六次，終於，她讓他進去了。而且也跌破大家眼鏡的，讓這位菜鳥業務完成了「不可能的任務」。這樣一個被修理到自尊心破滅的業務員如何從負面思考中翻身？說穿了就是「用真誠理解他人」。

這個不被恐懼嚇跑的菜鳥業務，一夜之間成為當年有名的「巫婆剋星」。到底他的行為有什麼魅力呢？他有什麼成功心法值得我們學習呢？

有了好的意識，才會有好的行為，整理一下，你會認同嗎？

1. 要相信以真誠為生，勝過千方百計。
2. 你的努力要跟得上企圖心及無懼。
3. 不是做了什麼，而是留下什麼？
4. 守株待兔很苦，但要苦了才知道有多苦。
5. 假如不想得罪人，理解是最佳途徑。
6. 不計較會得到什麼？而是要計較爭取一個機會。
7. 競爭者在等待機會時，你要為自己創造機會。
8. 陌生到熟稔，只要重複六次就可以。
9. 看到自己的缺點，才有機會贏在競技場。
10. 感謝那些願意給你機會的人，並問他為什麼？

這個難得菜鳥業務的成功經驗，讓我們好奇的想問，這個業務員的行動是如何得到「恐怖採購」的認同呢？而這樣的行為是否我們大家也做得到呢？並且讓雙方都感覺到，這是一種美好的會面。

於是，這位靠「用真誠趕走恐懼」的業務，他的行為細拆開看有以下九點：⑴靜訪、⑵定巡、⑶守株、⑷佔地、⑸不求、⑹對願、⑺聽話、⑻歸零、⑼不懈。

看看這「烏龜行動」，如果沒有很好的耐心和毅力，就容易讓「只能這樣」欺騙自己了。所以大部份的業務其實不瞭解自己的行為要如何理解客戶的「內心需求」。

我們試著用一個月來組合說明上述例子的「行為感動度」：

行動規劃表

行為	代碼	行動規劃	行為說明
安靜拜訪	SM		每週兩次保持熱度
固定尋訪			定時定點
守株待兔			等待突破
佔地為王			趁競爭者不備
不祈不求			耐心等待別人疏忽
配對願望			不輕易承諾，但要守信
聽內心話			讓客戶感覺到順從
一切歸零			讓自己成長的心態
努力不懈			把工作擺第一
總和			

註：在每篇文章結束時，可利用行動規劃表，記錄自己是否有達成目標，首先將每種行為自行取一個易記的英文縮寫（例如表格中的示範），填在「代碼」欄位中，每當做到其中一個行為時，就在「行動規劃」欄位中記錄次數，一週結束後，在「總和」欄位中寫下做到哪些行為的代碼，並計算達成這些行為的次數總和，就可以每週檢視自己行為與成果之間的關聯程度囉！

做完「行動量能」規劃後，仍然有一件非常重要的事，那就是「實操」訓練。業務工作最需要的「知行合一」的是「創造價值」、「反覆練習」、「佔好位置」、「紀律學習」、「永不放棄」、「隨機應變」，和「堅守立場」。

課後摘要

1. 業務帶給你什麼價值？
2. 你的業務座右銘？
3. 你的競爭力在那裡？
4. 你怎麼選擇你的目標客戶？
5. 你認為自己的價值有哪些？
6. 你想要跟客戶建立什麼樣的關係？
7. 目前最關鍵的課題是什麼？
8. 客戶的期待與渴望是什麼？
9. 如何讓客戶對你產生好感？
10. 怎樣解決客戶對你的不信任？
11.
12.

13.

（註：留空的部份，讀者可以自行補充讀後心得喔！）

第五課

用心轉境，迎接不息的機會

長大以後，他很少再進入小學。但聽到上課鐘聲傳來，記憶立刻湧上心頭。這是一所台北市郊的一所小學，他想著，一所比較偏遠的學校，會不會競爭少一點，因為大家都不想跑很遠，或者認為學校預算比較少。

至少，他懷著這樣單純的心思而來。就算只有一絲絲的機會，他也願意相信他的想法和做法是對的。小時候，父親常告訴他，做事情不要挑好壞，而是做好一樁是一樁。至於是不是有好的結果，也不是用當下來認定的，而是看未來它產生了多大的影響和結果而定。

第一次造訪這所小學，他的心情是既興奮又忐忑。興奮他帶著膽識而來，忐忑自己是否能真的「初生之犢」？進不去，怎麼辦？沒人認識我，我要去見誰呢？最後他跟自己說，只要能見到校長，就要心滿意足了。畢竟，沒有開始，是不會有結果的。他口中不自主的唸了好幾遍，激勵自己，「看遠不看近，看長不看短」。

有一回，他去聽一場演講，講者說年輕時，「要賺機會，要賺未來」，而不是金錢與名位，這句話深深烙印在他心中。於是他認知到，賺到什麼？比得到什麼還重要。此時的他，慢慢能體會什麼叫做「操之在我，而不受制於人」的覺知了。針對沒經驗，沒人脈的人來說，命運和運氣，是掌握在自己手裡的。機會要去爭取，甚至趁人不備要去搶奪的。

來到校門口，他想好對警衛說，他是來做機器維修的。於是，穿過中庭，他問了旁人，教務處在哪裡？他這次的「逆襲」行動，遍及教務處，總務處，廁所，操場，終於來到校長室。

這一路，他抱著「輸了不吃虧，贏了賺不少」。但最重要的是，不能讓自己成為永遠的「旁觀者」。

從那天起，他把門口警衛當長輩問候著，把校長秘書當哥們，說也奇怪，學校裡，始終沒人揭穿他的「企圖心」，反而喜歡他親切陽光的笑容，及他刻意準備的故事。他知道，他必須不斷的練習應對，「被拒絕」、「不受歡迎」、「不慌張」，還有「一步一步來」。於是，他每天回到辦公室，主要都在想，「下一步該怎麼走」。

他經常拿些東西給校長秘書，一份早餐，一個小盆栽，一張寫滿祝福的卡片等。有時，校長經常也目睹這一幕，眼神也逐漸變得「習以為常」了。終於有一天，他正跟秘書聊天時，聽到校長跟友人講電話時說，「我最近血壓高了」、「經常會頭痛」、「精神不太好」、「有時會忘了吃藥」。

隔天上班，他第一件事就是跑到重慶南路書店街，附近的圖書館，去搜集所有可以治療或預防高血壓患者，該注意的事項的資料。當天下午，直奔國小，把一大推影印資料，交給校長秘書，請他轉交給校長。當下秘書對他說，「大哥，你真有心」。但做這件事，他充滿熱忱與快樂，絲毫沒有勉強。

校長終於請他進到裡面辦公室。並委婉的跟他說，「年輕人，看你這麼勤快，有衝勁，但我必須告訴你，我們學校的採購，大都有特殊關係人在供應，但如果你願意，我可以跟你們公司買一些耗材，好嗎？」。這是何等的鼓勵啊！能得到校長溫柔的肯定，此刻，他已忘掉這兩個月的辛勞了。

這段勵志的故事，是值得你我珍藏與學習的一大業務課題。有時候，因為我們缺乏「接受與釋懷」的修煉，所以會拖慢了我們向前走的腳步。而沒有鬥志的人，他的動作會像烏龜一樣的慢，而且經常「半途而廢」。

讓我們來堅持做一些行動，同時也來改變一下態度。有人常說，「為自己而做」才是每個人在職場上最重要的「生存思維」。你同意嗎？

1. 不要去否定一切還沒開始做的任何事情。
2. 所有與人的互動，一定出自真誠的行為。
3. 遲疑不會變好，因為距離不會自己縮短。
4. 聽聽別人的聲音，找到屬於自己的真正動機。
5. 用正當的行為獲取的東西，價值非凡。
6. 保持高度的行動力，莫讓「你想要的」離開你。
7. 重複做簡單的事，並設法「醉心」於它。
8. 實事求是，不卑不亢，享受自己所擁有的。
9. 定對問題，找對答案，然後「行動才有結果」。
10. 面對挫折，勇於承擔並找出解決的力量。

這位業務在「面對自己檢核」的考驗上，靠著自我的「用心轉境」迎來了，表面看起來滿是挫折與困惑的「偽機會」。於是，他不斷練習「肯定自己」，這也成了他業務生涯中，最寶貴的思想建造：

行動規劃表

行為	代碼	行動規劃	行為說明
全力以赴	T		聚焦→細拆→扼要→綿密→持穩。
爭取責任			至少記錄一個月「付出與收穫」。
追求榮譽			每天檢視是否有「自我價值」？
形成專業			生，熟，巧，精，專，長，通，達，賢，師。
尋求突破			每次行動後，是否「問心無愧」？
簡單標準			不要沉迷在「見招拆招」的快感上。
建立理念			每天十分鐘整理自己的資產。
信守承諾			自己做得到，否則「不要說」。
身體力行			破除「害怕付出」的心理障礙。
懷抱夢想			用十年後的心思，做為起點。
總和			

註：在每篇文章結束時，可利用行動規劃表，記錄自己是否有達成目標，首先將每種行為自行取一個易記的英文縮寫（例如表格中的示範），填在「代碼」欄位中，每當做到其中一個行為時，就在「行動規劃」欄位中記錄次數，一週結束後，在「總和」欄位中寫下做到哪些行為的代碼，並計算達成這些行為的次數總和，就可以每週檢視自己行為與成果之間的關聯程度囉！

除了做好「自我肯定」練習後，還要聚焦在十個「自我管理」的實踐上。

課後摘要

1. 職務上該做的事　全力以赴
2. 團隊有利的事情　爭取責任
3. 提升能力的競賽　追求榮譽
4. 工作技能的學習　形成專業
5. 必須面對的問題　尋求突破
6. 日常運作的規矩　簡單標準
7. 常要溝通的觀念　建立理念
8. 應該履行的義務　信守承諾
9. 工作的規劃執行　身體力行
10. 可以獲得的成就　懷抱夢想
11.
12.

13.

（註：留空的部份，讀者可以自行補充讀後心得喔！）

表格4　每月客戶經營行動紀錄表

客戶	等級	行動規劃	W1	W2	W3	W4
台基店	A	1.拜訪客戶 2.定期會議				

NOTE
在「行動規劃」欄位中記錄5～7項具體行動，「W1」～「W4」欄位則為週別，記錄每週達成行動的次數

第六課

從認識到信任，不遠也不近

「落後者」其實是沒想到如何提早起步？而「領先者」常常趁競爭著不備，早已「畫地為王」。而決勝點在哪？怎麼找出來？如何搭建起來？現在的業務競爭是「軟實力」的競爭，更是看不見摸不著的「信任競爭」。

找到別人無法突破的缺口，就要迅速地改變前進的腳步。別人忽略的，我們才有贏的機會。跑基隆區的小陳，性格老實，誠懇，但不知道客戶究竟是「要什麼」、「信什麼」、「看什麼」。跑了半年，業績平平，客戶「認識他」，但其實沒有真正「接受他」。

業務員不分新老，只有決勝在六個「信任指數」上。這六個門檻，分別是：⑴聽過你、⑵認識你、⑶接受你、⑷滿意你、⑸指定你、(6)介紹你。而小陳便是擺盪在「認識你」及「接受你」中間，載浮載沉。若他能再精進修煉「熱情」、「承諾」、「責任感」、「分寸感」、「做自己」，便能發展出自己的風格，也能造就業務的吸引力及生命力。

業務到底要怎麼衡量這六個「信任指標」呢？

(1)聽過你：記憶模糊，似曾相識，不會立刻想到你。
(2)認識你：稍有印象，知道你的來處，但不知道你的去處。
(3)接受你：開始願意和你討論目標及答案，也願意付出。
(4)滿意你：願意聆聽你的意見，並用來衡量別人的提議。
(5)指定你：欣賞你的行事風格，以你為最優先考量順序。
(6)介紹你：非常本能的為你著想、顧慮，並得到快樂和滿足。

苦悶許久的小陳，終於得到主管的支持，選好一個週末，全員出動。先去基隆拜訪客戶，再去八斗子海濱部門聚餐。主管全家大小四口都來了，女兒五歲，兒子才兩歲。部門總共有主管，三位業務，和一位助理。陣容雖小，但鬥志昂揚。

來到第一家劉老闆的店頭，小陳顯得比平常有信心，嘴角也不時露出笑容。他一一介紹主管、同仁，助理，及主管家人。洽談中，劉老闆數度讚賞主管的領導，直說：「跟對老闆很重要，你們真幸運」。主管誠懇地希望，劉老闆能給小陳鼓勵及鞭策，劉老闆也在多人的期盼眼神中，頻頻點頭，笑著答應了。

一開始誰也無法預測它的結果，就像上山打獵一樣，乘興而去，但也只能平常心。小陳沒有天賦可依賴，但他不放棄找到出口。主管的神來一遊，開啟了他被客戶信任之門。從部門的協同拜訪之後，他終於懂得一些「真誠處事來取信於人」的竅門。

好的開始，經不起一點鬆懈。小陳必須非常珍惜這得來不易的起步與領悟。主管一再提醒他，「不要辜負了別人對你的信任」。畢竟信任的開關，永遠掌握在別人的手裡。

所以，業務最大的敵人，不是外在的有形競爭，而是內心的「無所適從」。也就是所謂的身陷在三個「不」當中，「捨不得，舒適」、「看不透，誘惑」、「想不通，路遙」。業務上所以會陷入「錯誤等待」、「方向迷茫」、「不求驗證」及「不順服的傲慢」當中。

有鑑於此，我們當借鏡過去的盲點來調整現在自己的心態。是與否，你才是最終的決定者。

1. 專心做好有價值的事，並且天天進步。
2. 告訴客戶，你的座右銘跟他的關係。
3. 以自己的步調，培養自己的競爭力。

4. 不要在乎客戶的眼光，只等客戶慢慢喜歡你。
5. 你能產生什麼價值，別人才決定是否相信你？
6. 客戶怎麼看你，就用他的邏輯來看他。
7. 認識一個人不難，理解他卻不容易。
8. 讓客戶看見一個上進的團隊，價值非凡。
9. 多花心思去經營與你價值觀相近的客戶，並善待他。
10. 跟客戶養成互相核對事實，及澄清質疑的默契。

談到此處，我們可以總結小陳今後的努力方向及路徑，也可以拿來印證。

行動規劃表

行為	代碼	行動規劃	行為說明
主動敲門	A		每月至少與客戶談一個未來的合作方案。
誠意互動			主動協助客戶做他希望的一樁生意。
理解異見			針對異見至少讓客戶講一小時「為什麼？」的原因。
謙卑受教			為自己規劃每年兩次「謙卑滿意度調查」
核對事實			用行動記錄來溝通說明，不是口頭陳述。
澄清質疑			練好：聆聽→追問→探討→肯定→忠告。
打破慣性			跟自己約定，每年打掉三個都不認同的習慣。
看得更遠			每次跟客戶談定三年合作計劃。
嚴以率己			每月寫下自己的改善計劃，讓五位客戶見證。
總和			

註：在每篇文章結束時，可利用行動規劃表，記錄自己是否有達成目標，首先將每種行為自行取一個易記的英文縮寫（例如表格中的示範），填在「代碼」欄位中，每當做到其中一個行為時，就在「行動規劃」欄位中記錄次數，一週結束後，在「總和」欄位中寫下做到哪些行為的代碼，並計算達成這些行為的次數總和，就可以每週檢視自己行為與成果之間的關聯程度囉！

我們應該要積極算計一下，自己的「內在取勝率」。並跟團隊一起討論制定具有競爭力的「信任策略」。只要有20％以上的客戶處於「不接受你」的階段，那你個人就要負起80％的責任。畢竟要從「認識到信任」，必須擺脫自我經驗及習慣，打破執著，貪圖，逃避心才行，所以路途「不遠也不近」。

課後摘要

1. 主動敲門：徹底揪出自己「不願意」的罪魁禍首。
2. 提升專注：嚴格刪除50％以上不必要的「分心率」。
3. 謙卑受教：先聽再問↓先記再唸↓先想再做。
4. 打破慣性：想辦法讓自己不像「以前的自己」。
5. 看得更遠：一切隨時準備好，等待開花結果。
6. 嚴以律己：先善待他人，再圓滿自己。
7.
8.

（註：留空的部份，讀者可以自行補充讀後心得喔！）

表格5　自我成長的七個檢驗

- 建立內在成熟度
- 自我改變的意志
- 面臨改造的勇氣
- 加速前進的堅持
- 自我挑戰的承受
- 自我問責的期許
- 自我競賽的渴望

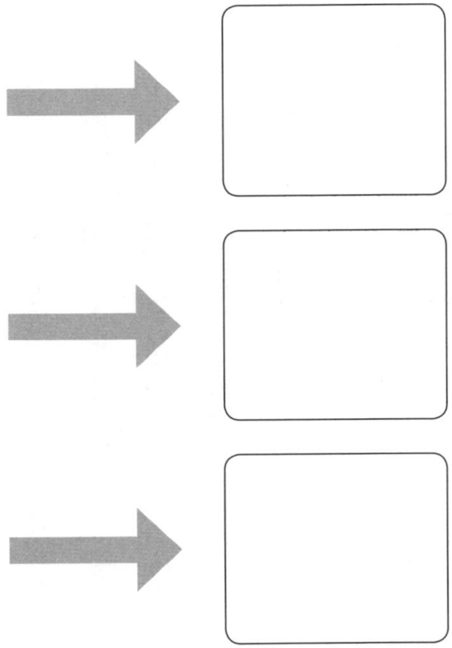

NOTE

在圖中的三個空格中，由上至下分別填入：
· 每個階段的成長%（目標、績效、專案）。
· 團隊績效排行。
· 具體貢獻項目3～5項

第七課

一個祝福，勝過千百個遇見

經營客戶，就是要把客戶的「心」抓住。讓客戶越來越想跟著你，不是被迫的，而是「心甘情願」。我們跟客戶之間，若經常存在著，「天天有接觸，凡事沒著落」，這不是蹉跎，什麼才是蹉跎？

客戶總要經歷一些事情，他才會知道「誰可靠，誰要遠離？」。「誠意」從不虛假，最終它會以真相呈現。當客戶在做選擇時，有業務會天天報到，這是「勤奮」；有業務會路過，這是「勢利」；有業務會時時刻刻帶來關懷，這是「真意」。

小鄭，有一天收到好久不見的朋友，從國外寄來的生日賀卡，上面寫著「祝福我最想祝福的好朋友，生日快樂」。這十五個字，代表著無限的思念與珍惜，也訴說著天各一方的情感相繫。柔軟的話語，能穿越時空，溫暖心靈，會讓美好的回憶「湧上心頭」，並終生難忘。

於是，朋友的賀卡，讓小鄭決定要好好對他的客戶表達最誠摯的祝福。他挑了五十家重點客戶，調查客戶老闆的生日，親筆寫下對這些老闆生日的祝福。沒有重複的話語，每一張都寫下對這個客戶，最真誠的感謝。同時找到一家花店，把五十位客戶的生日，按月份、地址、電話及聯絡人排好。最重要的是，他請公司的總經理署名，代表最高層級的祝福。

這個舉動，結果令人難以置信。有超過七、八家客戶的老闆，親自打電話來感謝公司的溫馨祝福，尤其來自公司總經理的親筆致意。之後，小鄭的業績在半年內，結結實實的成長了30%。一張生日賀卡，能從精神上溫暖所有人，其魅力也絕對經得起考驗和回味。

業務上，很難評估「代價與收穫」；工作上，也很難衡量「承擔與成長」。記得孩提時期，有位老師，特別會做麵食包子、豆腐蔥捲、蔥油餅之類。每次假日幫他清掃宿舍時，老師一定會做上好吃的麵食，招待我們的辛勞。小孩，單純，善良，但永遠知道，「無功不受祿」。老師常跟他們說：「做麵食給你們吃，除了犒賞你們，也是懷念我的家鄉」。

時至今日，人們已經不在乎，付出什麼來得到什麼？而是透過別人的「認同與關懷」來決定任何事情的進退。小鄭用一張對客戶的生日賀卡，加上嚴格的「責任感」，讓他在業務上向前邁出一大步，也跳脫了那無窮無盡的有形競爭。

「如沐春風」是什麼感覺啊？現在小鄭終於感受到了。不需刻意捏造，誇誇其談，愉悅了自己，也感動了別人。主管對小鄭說，「業務是一時的，唯有真心待人才是終生的」。不必花時間算計你會得到什麼。而是沒做什麼，就會失去什麼。雖然知道要「多做什麼」，但更要知道「少做什麼」才是硬道理。

那一陣子，小鄭問了幾家客戶，為什麼您會打電話來謝謝我們的一束花，一張卡片呢？有一客戶馬上揚起微笑，露出滿意的牙齒，說了一句，「如果有人這麼關心你，你沒有任何感動的話，你還是人嗎？」。「時間識人，幫扶知心」，客戶要的，真的不是利益，而是你的「一腔真心」。

當主管要小鄭來分享這段成功經驗時，他認真的寫下以下心得：

1. 只要「願意承擔」，便能練就突破困境，超越挫折的能量。
2. 不被接納時，正是你「正向內觀」，修正自己的時候。
3. 當我們下定決心「身先士卒」時，全世界都會來幫你。
4. 不做則已，一做就要做到讓人感動的「精緻專注」。
5. 用最快的速度，抓住客戶的「情感神經」，不是旁觀。

---

6. 用心顧好老客戶的「忠誠口味」，可提升30%的生產力。
7. 「討好與迎合」代替不了關懷，也經不起時間的考驗。
8. 讓客戶覺得你的「真誠善待」，超過你對他的「圖謀期待」。
9. 認清自己在客戶心中的份量，打造「逐級而上」的階梯。
10. 用心去感受別人對你的關懷，才有能力去「成就他人」。

當你面對激烈的競爭時，無法招招應付得宜。但什麼才是你贏的關鍵？怎樣才能拉大與對手的距離？或許我們應該參考以下的答案：「客戶高朋滿座，你不攀附；客戶勢利，你不輕視；客戶門可羅雀，你不離棄」，才能「暫保不輸」。

行動規劃表

行為	代碼	行動規劃	行為說明
願意承擔	WA		定期跟客戶「約法三章」，並寫下來。
正向內觀			跟自己對話「人與事的感受」，並就教高人。
一腔真心			將「市場與專業」分享給客戶，但不強求。
精緻專注			任務，50%準備在先，30%在後，20%在中間。
忠誠口味			經常與客戶「核對」對你的下一個期待。
真誠善待			每月累積你對客戶「付出庫存量」20% 。
自在愜意			以「接受，改變，放下」態度與客戶相處。
坦率機靈			與客戶討論製作一本與客戶的「損益表」。
幫扶知心			一年七張卡，感謝客戶對你的提攜與恩情。
總和			

註：在每篇文章結束時，可利用行動規劃表，記錄自己是否有達成目標，首先將每種行為自行取一個易記的英文縮寫（例如表格中的示範），填在「代碼」欄位中，每當做到其中一個行為時，就在「行動規劃」欄位中記錄次數，一週結束後，在「總和」欄位中寫下做到哪些行為的代碼，並計算達成這些行為的次數總和，就可以每週檢視自己行為與成果之間的關聯程度囉！

課後摘要

1. 願意承擔：只要願意先承擔，就會有資源丟過來。
2. 正向內觀：任何的付出，都有相對的收穫，只是要等待。
3. 一腔真心：用你個人的「切身感」，來解決客戶的痛點。
4. 忠誠口味：記錄與客戶的相處行動，分析它的「有效係數」。
5. 成就他人：傾聽內在聲音，並勇敢做出客戶眼中的「真誠」。
6. 坦率機靈：時間是永遠的「旁觀者」，但時間也是「見證者」。
7. 幫扶知心：用「參與者」的話語，表達對客戶的真實感受。
8.
9.
10.

（註：留空的部份，讀者可以自行補充讀後心得喔！）

第八課

心靈相挺，給人依靠扶持

那天傍晚，景美溪畔人流不多，靠近景美橋邊的一家電腦門市，一如往常，年輕的老闆娘獨自一人看店，也準備著晚餐。竟然，一樁駭人聽聞的兇殺案，就在這個小店發生了。生命是尊貴的，任何惡意的傷害，永遠要唾棄，不能寬容。

小周，那天依例拜訪文山區客戶，回程剛好路過世新大學旁的這家客戶。兩台警車，圍觀的人群，他驚覺不妙。不敢相信這是事實，早上還通電話的老闆娘，被蓋上白布，抬上救護車，嗚笛而去。小周，雙手合十向她朝拜，願她一路好走。

這個訊息，很快傳到公司，主管也剛好跟總經理談事，第一時間，總經理指示，「全力協助客戶處理善後」。小周非常訝異公司總經理，對於一個客戶的不幸事件，如此「真誠對待」。經過多年以後，小周回想當年那次「心靈相挺，給人依靠扶持」的業務過程，至今仍難以忘懷。

公司請專人協助客戶，聯繫禮儀公司，充當客戶的客服，一切像親人般的對待。沒有人說，這樣做好不好？而是這樣做，可以讓深受苦難的人，多了對抗災難，痛苦，無助的「心靈力量」。時光會流逝，當有一天人們憶起這段往事時，他們一定會記得，公司所留下的「助人善行」。

於是，小周被吩咐要緊跟客戶處理後事事宜。每日更新、報告、討論。人生的無常與有限，這段時間小周有非常深刻的體會。因此，他的內心，早已默默的告訴自己，往後的業務生涯不管會如何？他都要以此為榜樣，「為別人扶持，為自己砥礪」。

總經理要他的司機在客戶告別式前一天，先跑一趟殯儀館，把路線與時間掌握好。並交代要親自出席，也請主管安排共七個人，要提早到場，但最重要囑咐是：「不可提早離場」。因此，一個人生事，有兩個世界，「一是珍惜，一是忽略」。

最後這個兇殺案，沒能在當年破案。但隨著歲月往前走，老天爺終於在第十九年，決定要給這個當年只有十五歲的少年，一個「沒有僥倖的教訓」。雖然，小周也早就另謀高就了。但當他從電視看到這樁十九年懸案被破的時刻，他的心靈依然感受到莫大的鼓舞和慰藉。就像放下肩膀上的重擔一樣，心願已了，如釋重負。

如果我們想幫助別人，我們有很多的選擇。但唯有心靈的關懷，是最寶貴的給予。

總經理說，「送人溫暖是對自我價值的肯定」。也可以說，幫助別人「有的」很容易；但幫助別人「沒有的」很困難。一趟溫暖送行，也是一堂無價的「扶持課」。

時至今日，有時小周仍會將這段故事，分享給身邊的人。他很清楚，這段往事對他的意義是什麼？當別人失去的時候，正是我們可以給予的時候，學習的生命課。從此，小周把「學習扶持」當成他的業務目標之一。

1. 保持對自己的覺察，把學習「扶持」當目標。
2. 練習把自己的「熱誠」找到各種表現方式。
3. 產品不是業績的主宰者，「思想與態度」才是。
4. 瑕疵與漏洞不是你的弱點，而是「不重視」。
5. 面對別人的苦難，寬容與扶持是最好的修練。
6. 建立「關懷原則」，讓人際關係明白，自然呈現。
7. 人是向陽動物，需要的是「溫暖」與「活力」。
8. 用「鍍金態度」檢視自己對工作的「認真的成分」。
9. 任何關懷，需建立在尊重別人內心感受的基礎上。
10. 做個聰明人，不挑起別人的痛楚與隱私。

有人說：「看人成就，要看他的人生觀」。尤其在業務的工作上，諸多挑戰，不能看他贏了多少，而是看他「成就」了多少？希望我們都能用「成就他人」與「扶持」，面對一切的失意、不幸與山窮水盡。

一個人最艱難的時候，不是沒有夢想而已，而是沒有「我做得到」的信念。

而更可貴的是，在通往成功的道路上，能相互扶持，彼此學習，讓別人在面對生命中的苦難時，走得更遠，得著慰藉與支持。

行動規劃表

行為	代碼	行動規劃	行為說明
認真扶持	S		編製自己的「扶持行動記錄表」。
正向情懷			每年學習三項「正向的生活準則」。
察覺缺陷			條列二十條工作的缺陷，分順序改善它。
樂於助人			用心幫助別人三件重要的事，並成習慣。
守住夢想			每月計算自己「與夢想的距離」有多遠。
看見亮光			定期盤點，失去的希望與幸福有哪些。
堅守原則			把要想→要做→要冒險，列為最高原則。
果斷付出			每年定出：「我是什麼樣的人？」做為年度目標。
等待善果			用「付出者收穫」做為自己的業務座右銘。
總和			

註：在每篇文章結束時，可利用行動規劃表，記錄自己是否有達成目標，首先將每種行為自行取一個易記的英文縮寫（例如表格中的示範），填在「代碼」欄位中，每當做到其中一個行為時，就在「行動規劃」欄位中記錄次數，一週結束後，在「總和」欄位中寫下做到哪些行為的代碼，並計算達成這些行為的次數總和，就可以每週檢視自己行為與成果之間的關聯程度囉！

課後摘要

1. 認真扶持：幫助需要被幫助的人，磨練「扶持力」。
2. 正向情懷：以「知難而進」的信念，面對任何逆境。
3. 察覺缺陷：人生的最大拐點支撐，在於「改變自己」。
4. 樂於助人：幫助別人是「提升自己」的人生教義。
5. 守住夢想：「夢想」是靈魂的反省，「忘我」方能開啟。
6. 看見亮光：將「激勵別人」納入業務超級目標。
7. 堅守原則：練習把一件「簡單平凡」的事做好。
8. 果斷付出：觀察及思考後，就要「義無反顧」的執行。
9. 等待善果：建立「善行義舉」納入新生活及工作理念。
10.
11.
12.

（註：留空的部份，讀者可以自行補充讀後心得喔！）

表格6　客戶關係升級執行表

理想狀態	3～5項主行動規劃	日	週	月
建立信任				
樂觀心態				
身體力行				
超越自己	L、T、C	L×1 T×2 C×1		
全力以赴				
反求諸己				
一路戰鬥				

NOTE 行動項目→代碼（英文字母或符號→行動量實際記錄（日、週、月）。

第九課

不管路多黑，點亮一盞不放棄的燈

平常連一隻螞蟻太靠近，都會害怕的女業務，一路騎機車往山區直闖。跟客戶約好的時間快到了，若「耽誤正事」了，她比任何人都在意。跟客戶有約見這件事，她從來沒想過要去找理由跟藉口，而是拚命不讓遲到發生在她身上。

這時，在漆黑的路上，她不但要克服不斷湧來的恐懼，還要注意一條陌生道路可能隨時會產生的危險。奇怪，「小心翼翼」總是趕不上意外來的快，她摔進山溝裡，手腳鮮血直流。哭或不哭，她都來不及決定，因為快遲到了。

於是，她忍著委屈的痛，但鹹淚還是被她咬著的嘴唇嚐到了。內心的聲音，不斷的告訴自己，無論如何不能放棄在通往希望的路上。

有人說，「牛羊才會成群，猛獸總是獨行」。這時，她就是一頭暫時受傷的猛獸。若能拿到訂單，她深信自己就是那個會「自然痊癒」的黑夜獨行猛獸。

終於來到客戶處，訝異的客戶，問她怎麼了？此時，淚水不聽話的流下雙頰。終於，她得到了客戶的同情，自己的信心，以及早就等著她的訂單。從事業務以來，她不斷問自己，我熱愛我的工作嗎？我為什麼選擇做業務？我的工作最重要的追求是什麼？如果再來一次，我還會選擇做業務嗎？而她的答案是，當自己果斷放棄「茫」的時候，便是用未來的成就和夢想做希冀。

有學姊告訴她，女生除了外在美貌，更要清晰知道，未來自己的人生規劃，自己的尊嚴和價值。千萬不要用「不擇手段」來換取更好的明天。很多東西失去了，是妳一輩子的很難挽回的傷痛和陰影。因為女生在業務的領域裡，不止眼前的業績，還有「遠方和愛」。

一路走來，她在工作中的這些領悟，讓她學會了該如何取捨，如何忽略，及如何渡過難關時，不被禁錮的步伐所困？而今，令她津津樂道的這段故事，其實也發生在很多業務人身上，但結局卻有著「天壤之別」。這其中最大的關鍵在於「判斷和選擇」及「擁有和放棄」的操心能力。

沒有「容易」的業務工作，只有更好的業務「心態」。工作再苦，還是要做著、熬著、過著……這就是業務的砍坷和苦澀。生活裡，無論妳用什麼心態去面對，卻永遠有著遺憾，總是有著困難和挑戰。所以，妳每天走出的每一步及選擇，就要堅信，這已經是最好的安排了。等到妳擁有這樣的心態和信念，一路的艱辛，一路的不如意，已經為難不了妳了。

以下就是妳該有的精神糧食：

1. 把委屈當做暫時的垃圾，隨手收拾掉。
2. 一有心酸，就去幫助比妳心酸的人。
3. 精煉忍受煎熬的「心耐力」及「披荊斬棘力」。
4. 避不掉的挫折，就跟它「好好對話及商量」。
5. 不走捷徑，因為成功從來就沒有捷徑。
6. 忙不完的是工作，做成了才是理想的實踐。
7. 沒有誰可以幫你決定屬於妳自己的結局。
8. 不時給自己一個「積極向上」的格局。
9. 熬過去妳就出眾，退下來妳就出局。
10. 奮鬥的路上，請為自己點亮一盞看到未來的燈。

生活及工作中，我們常看到奮鬥成功的故事，但落到自己身上，確是充滿著煎熬，苦悶、混沌、風風雨雨……這些總是讓我們「耿耿於懷」，甚至「懷憂喪志」。於是，這位女業務本著「事不強求」但「終須一戰」的坦然心態，是我們要來認真學習的。⑴信守承諾、⑵竭盡心力、⑶武裝自己、⑷永不放棄、⑸真誠示弱、⑹勇於爭取、⑺表達感恩、⑻完成心願、⑼不怕失敗。

看看這些「磨難行動」，如果沒有「心態跟上，機會就在」的好信念。任誰也無法「輕鬆以對」。我們用來組合說明上述例子的「行為勵志度」：

行動規劃表

行為	代碼	行動規劃	行為說明
信守承諾	P		說到做到。
竭盡心力			沒想到「下次再來」。
武裝自己			每一次都要比上一次厲害。
永不放棄			奮戰到底，但要學會釋懷。
真誠示弱			別讓自己的固執給打敗了
勇於爭取			讓企圖心被看見。
表達感恩			讓別人感受到值得。
完成心願			讓自己的心願沒有後悔。
不怕失敗			不被信任比失敗更可怕。
總和			

註：在每篇文章結束時，可利用行動規劃表，記錄自己是否有達成目標，首先將每種行為自行取一個易記的英文縮寫（例如表格中的示範），填在「代碼」欄位中，每當做到其中一個行為時，就在「行動規劃」欄位中記錄次數，一週結束後，在「總和」欄位中寫下做到哪些行為的代碼，並計算達成這些行為的次數總和，就可以每週檢視自己行為與成果之間的關聯程度囉！

做好「勵志量能」儲備後，仍然要聚焦在業務工作最需要的「看板管理」上。如「想大事」、「找機會」、「戴鋼盔」、「走到底」、「爭未來」、「常反思」、「要承担」和「盯細節」。

課後摘要

1. 想大事：以終為始、築夢踏實，建立屬於自己的中心思想。
2. 找機會：⑴主動出擊、⑵保持關心、⑶細謀發展。
3. 戴鋼盔：保持相當程度的危機感及急迫感。
4. 走到底：凡事找到輸贏的關鍵。
5. 爭未來：設定自我階段性目標，納入日常工作清單。
6. 常反思：80％檢討選擇、20％反思己過及行動要點。
7. 要承担：貢獻團隊，用你的行動及心思。
8. 盯細節：四要：⑴要研究、⑵要規劃、⑶要實踐、⑷要檢討。
9.
10.
11.

（註：留空的部份，讀者可以自行補充讀後心得喔！）

第十課

跟真誠直球對決，不可閃躲

小段，長的帥氣，口才一流，典型是吃業務這行飯的年輕人。經常聽到他在辦公室跟同事，高談闊論，他那誇張的演出，常引來大家捧腹大笑。當初主管交給他約五十多家的客戶，現在每月只剩二十多家有交易，成交率不到50%。不但主管不能接受，連同事都常勸他，要注意了，「總有一天，老大會找你算帳的」。

那天，離下班前十五分鐘，小段步履蹣跚的回到辦公室。要命的是，他不但「睡眼惺忪」，還眼睛浮腫。這一幕，也被眼尖的主管從房間的玻璃窗看見了。於是他迅速低頭走回自己的座位，不敢像往常一樣，「人沒到，聲先到」。

隔天，不出所料，小段一早就被主管請進辦公室，接受一對一面談了。可以想見，裡面上演了一場「緝凶和藏匿」的對決。外面則是一面倒的「洗耳恭聽」跟「故意路過」。當小段走出主管辦公室時，他不發一語，表情尷尬，看起來似乎沒能全身而退。沒多久，主管就跟著小段往外走了，助理問他去哪裡，他只說：「跟老闆去拜訪客戶」啦。

機車雙載，小段問主管：「老闆，我們去哪裡？」，主管淡淡的說：「你載我去哪，就去哪？」接下來，小段經歷了三天的「震憾教育」。這三天，主管跟他一起早出晚歸，穿梭在街頭巷尾，找不到客戶，重新認識客戶，詳細記錄每次拜訪的耗時量，走出門口就討論剛剛的得與失，………有客戶會說：「你就是小段啊」。第四天，他終於跟主管開口辭職了。

小段第一次認了不努力工作的事實，原來他那花蝴蝶般的本事，也會有「無用武之地」。他無法面對「不認識」他的客戶；也沒辦法說出客戶為什麼要「相信他」的理由？還有主管責問他的那句話：

「你拿什麼面對自己跟客戶？」。

所有的聰明人，可能騙盡天下人，但不可能也騙了自己。我們應該讓自己多一點真誠，多一點認識自己，多一點挑戰自己。只要不停下腳步，緩慢不是問題；有無盡心盡力才是真正的問題。所以，不論你身處什麼樣的工作和環境，都要「樂在其中」、「挺過試煉」、「堅忍不拔」。因為，幸運永遠站在「依靠自己」的這一邊。

說到這裡，整理一下，我們得到了什麼樣的體悟？

1. 真誠的立下對工作的承諾與貢獻。
2. 不斷創造自己的成長空間，並給出正面的影響。
3. 選擇實際且能達成的目標
4. 想辦法與人合作無間，全心投入工作追求績效。

---

5. 獲得老闆的信任及支持，做個負責盡職的員工。
6. 培養工作能力，善用他人經驗及智慧。
7. 成為主管可靠的助手，讓親友及家人都認同你的工作。
8. 執著於把理想化作現實。
9. 爭取責任且與人分享成功經驗。
10. 記取教訓轉化成追求成功的力量。

另外，解析一下，到底什麼樣的行為與態度，是我們在職業生涯中，最寶貴的資產與試煉？有人說很困難，但其實是缺一點勇氣，缺一點堅毅。

最後，我們來整理檢視一下，我們自己的「心智里程數」，若有落後，便要迎頭趕上。給自己留下永久的競賽權，一切重新開始，並列妥屬於自己工作中的「生存策略」。

行動規劃表

行為	代碼	行動規劃	行為說明
樂在其中	E		建置「滾動式」自己滿意的成果檔案。
挺過試煉			每次試煉，都要暖身→練習→糾錯→精進。
堅忍不拔			記錄每一次行動的痛點，並「就教高明」。
戰勝自我			先認錯，每月結交一位可以幫助你的朋友。
投資自己			刪掉「想做」的事物，重新學習「該做」的。
挖掘風格			讓別人說出你的風格，並問出「為什麼？」。
減少耗損			用筆記記住，哪些是沒做就會後悔的事？。
允許失敗			隨時淘汰CP值很低的事物，但不能再犯。
自主學習			不能停在「還好」，要把會的練到「卓越」。
總和			

註：在每篇文章結束時，可利用行動規劃表，記錄自己是否有達成目標，首先將每種行為自行取一個易記的英文縮寫（例如表格中的示範），填在「代碼」欄位中，每當做到其中一個行為時，就在「行動規劃」欄位中記錄次數，一週結束後，在「總和」欄位中寫下做到哪些行為的代碼，並計算達成這些行為的次數總和，就可以每週檢視自己行為與成果之間的關聯程度囉！

課後摘要

1. 重視承諾：對工作一諾千金，言出必行。
2. 樹立風格：不是比優點多，而是比缺點少。
3. 自我競賽：對自己嚴格到近乎苛求。
4. 作業要求：不僅做完了，而且要做精。
5. 自我考核：現階段可接受的，下回還要挑戰。
6. 保持熱忱：認真經營每天的工作勝率。
7. 建立信心：接受事實↓捨棄偏見↓率先付出。
8.
9.
10.

（註：留空的部份，讀者可以自行補充讀後心得喔！）

表格7　客戶開發經營策略地圖（3～5年）

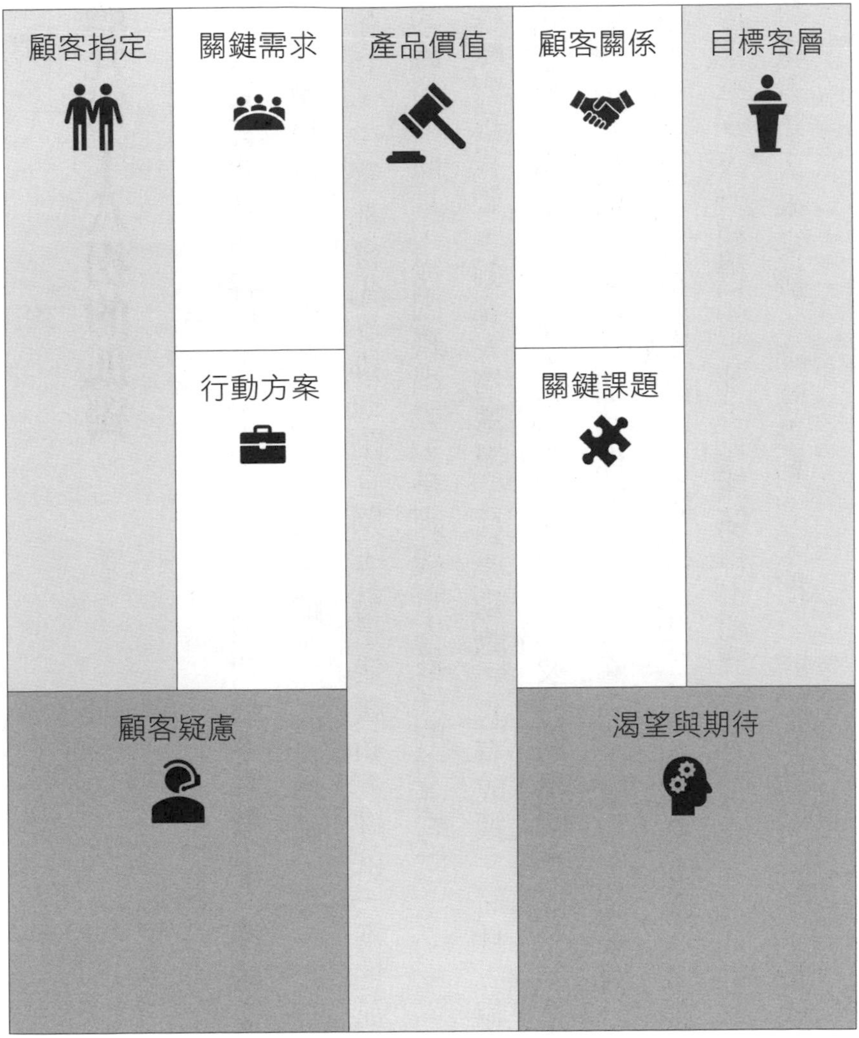

第十一課

繞過九彎十八拐的孤獨

以前到宜蘭拜訪客戶，路途遙遠。不但要經過九彎十八拐的孤獨，還要體驗古人「千山鳥飛絕，萬徑人蹤滅」的孤獨感。每一次有新人報到，主管都會先安排他跑宜蘭，就是要讓新人練就「不怕孤獨」的能力。而且，從困難出發，是訓練新人最好的方法之一。

經驗告訴我們，偏鄉人情濃厚，只要勤跑，必有成績。而且，職場有句話很重要，「許多人忽略的地方，你要特別重視」。一年下來，九彎十八拐的宜蘭行，訓練你的，不只是體力，耐力，還要有一股想當TOP Sales的「恆毅力」。我們始終相信，「耐得住寂寞，才能守得住繁華」、「經得起平凡，才能站得上超群」。

每次有新人來交接，總聽得到老人把一開始的枯燥乏味，變成

「仙度蕾拉的故事」來說，不但津津有味，還依依不捨。而且每個即將卸任的老人，都有一股腦的「想要幫新人成功」的使命感。因為幫助別人，等於肯定了自己。

於是，這條前進宜蘭拜訪客戶的九彎十八拐之路，不但沒人嫌棄去工作，反而是在享受編寫每一趟行程中的故事。這是一種工作心態的轉變，心態變了，樂趣就來了。小張剛來，他想知道為什麼新人都要先跑宜蘭，有老人告訴他，這是新人的「必要之惡」，也是菜鳥的「無言宿命」。

小張在五月份上線跑宜蘭，每回出發，都是早出晚歸，只有一條路，一個目的地，沒有捷徑，沒有選擇。路途中，他會停下來買買水果，偶而駐足欣賞風景，為自己多找一些向上的力量。每次只要過了九彎十八拐，就可以看到龜山島，也就看到了希望。

小張也常想，被人信任的源頭是什麼？到底要花多少時間呢？公司可以幫助我什麼?而信任跟我的業務有什麼關係?其實，他最大的困惑，就是不知如何開始?這是一種看不到盡頭的感覺，一種令人容易頹喪的捆綁。

三個月以後，當主管跟他討論業務狀況時，主管開始從他的表達中，感受到他的「苦悶」、「困惑」，甚至是「厭倦」。每一趟需要來回花5~6小時，他總是不滿意自己的行動力，以及無法超越的60%任務完成率。

依照慣例，主管會在他上線三十天內陪他跑一趟宜蘭。主管於是請他先寫拜訪行程的⑴目的、⑵理由、⑶重點工作、⑷作業流程、⑸考核指標、⑹注意事項。突然間，小張被一股「難以勝任」的感覺襲來。他的拜訪計劃跟主管討論時，被主管的話，驚嚇了。主管問他，「你自己喜歡這樣的行程嗎?」、「跟上一次的拜訪有什麼關聯?」、「你覺得這樣的安排，優缺點在哪裡?」。過去，他的答案可以是一長串，現在只有「挫折」二字而已。

為什麼每次來，只能跑個五～六家客戶？而他總是無法「很自在」，而且也看不到客戶滿意的神情？他開始懷疑，自己的熱情，如何維持下去？主管明白他的沮喪，於是跟他一起規劃一天內十五個令人印象深刻的行程。主管給出十分鐘、二十分鐘、三十分鐘三個拜訪模組，主要是要建立四種客戶關係：⑴保持聯繫、⑵深化信任、⑶相互依賴、⑷相敬如賓。

這一趟主管的陪同拜訪，跟他過去的「跟著感覺走」，最大的差異在於，事前／中／後的準備及運用。經過這次主管陪同拜訪的學習，讓他獲益良多。

以下是拜訪前的思考與準備：

1. 研讀雙方交易記錄
2. 設定主題及流程（預留20％）

---

3. 內部行前溝通準備
4. 事先預約及主題溝通
5. 進行洽談記錄（要做練習）
6. 確認洽談重點並簽名
7. 約定回覆方式
8. 預約後續行程

當天，最後完成了十三個預定行程，足足比過去行動量多了二點五倍。但不只是量的翻倍，更在拜訪的質，有了驚人的進步。尤其是，當客戶要在洽談記錄表上簽名時，都會仔細看，「是否記住他要的？」。所以，瞭解客戶的期待，和自己身上的責任是非常重要的。

針對這次的鍛練和學習，我們應該要怎麼學習呢？

行動規劃表

行為	代碼	行動規劃	行為說明
客觀探索	O		站在「自我問題」的角度去挖掘。
深度分析			找出過去／現在／未來的得與失。
保持溝通			每次接觸都有雙方的行動進度與資訊。
規劃方案			有日／週／月的執行流程和備案。
動態記錄			看到「步驟」的「動態式」記錄。
確認課題			真正找到對「問題保固」的議題。
待辦承諾			不只記錄對方要的，更寫下「你會做」的
即時回覆			超越對方的等待與期許的「刻不容緩」。
預定未來			至少看得到未來一年的方向。
擺脫繁瑣			放掉「順服」的情緒干擾。
總和			

註：在每篇文章結束時，可利用行動規劃表，記錄自己是否有達成目標，首先將每種行為自行取一個易記的英文縮寫（例如表格中的示範），填在「代碼」欄位中，每當做到其中一個行為時，就在「行動規劃」欄位中記錄次數，一週結束後，在「總和」欄位中寫下做到哪些行為的代碼，並計算達成這些行為的次數總和，就可以每週檢視自己行為與成果之間的關聯程度囉！

「事前有規劃，事後有運用」是每個業務要培養的良好運作習慣。也要用心找到，「對問題的態度」、「優化行動職能」、「自我問題對策」……等的關鍵思維與學習。

課後摘要

1. 定期統計分析並建構有效的拜訪模式。
2. 摘錄重要事項，成為個人工作重點。
3. 根據拜訪記錄，思考如何全面解決個別問題。
4. 每次拜訪都要考慮作業中的環環相扣。
5. 將洽談記錄作為公司內外一切溝通的基礎。
6. 隨時追蹤回覆待辦事項，並備好「替代方案」。
7. 記錄需言簡意賅，但不漏數字及時間。
8. 「實地瞭解」客戶經營狀況，當面解決問題獲取信任。
9.
10.
11.

（註：留空的部份，讀者可以自行補充讀後心得喔！）

表格8　顧客戶關係經營（CRM）運作檢核評鑑表（每月）

AMS項目	作業要求	重點任務	運作流程	KPI	注意事項
拜訪4次	每次30分	達成目標25%	1.前一天電話確認 2.確認拜訪主題 3.做記錄 4.雙方簽認		

NOTE　CRM→跟主管、客戶討論。

表格9　經營市場行動管理AMS工作清單

每日工作		每週工作		每月工作	
時段	項目	週別	項目	項目	目標
		第一週			
		第二週			
		第三週			
		第四週			

第十二課

拒絕放棄，贏得信任

有位業務很認真經營他的客戶，但是業績平平。他實在不知道為什麼客戶不跟他交易？於是他在一個下著大雨的夜晚特別跑去電腦商場，想要跟他的目標客戶來個「真情告白」。一路上，他心中滿是忐忑不安。所有的可能場景，他都儘量地思索著，怎麼應對回答？

他想著，如果客戶不想談怎麼辦？或問你有什麼條件吸引他？他為什麼要為你更換供應商？你不比其他業務專業等等。這些尖銳的問題，坦白說，他真的不知道如何回答才好？

但是面對業績不振的問題，不管這些問題有多殘酷，都得要去面對，至少還有一絲絲的機會。再者，也安慰自己，努力過了才不會遺憾。

他來到客戶店面，有點猶豫的先探頭往內瞧。晚上九點，店內無客戶，只見老闆夫妻兩人，準備收拾，算帳，商品歸位⋯，終於他吸一口氣大步走進去。當下，老闆娘請他坐，手中還在忙著算帳，說著：「下著雨這麼晚來，有什麼事嗎？」。他停一下說：「等劉姐忙完再說」。

劉姐忙完了，倒茶給他，他終於吐出心裏話：「劉姐，您為什麼不跟我公司買東西？」。這一句再平常不過的話語，竟然讓劉姐有些尷尬。她笑這說：「這麼晚了，你就為了要說這句話跑來，你的公司是這麼教你的？」讚賞之餘，她說因為她們早就有很久配合的廠商了，沒有特別因素不跟你們公司交易。並說：「我看你很勤勞，以後一定有機會配合的。」

終於，劉姐願意給他機會，他彷彿看到一道希望的曙光。那一夜，他興奮的輾轉難眠，並規劃著，接下來他該怎麼做呢？而劉姐為什麼要給他機會呢？劉姐是怎麼想的？業務員今後應該如何把握著難得的機會呢？而業務找尋機會，客戶是否願意給機會？這種戲碼，天天上演，也可能天天落幕。但能否變成業務員的基業，就看你怎麼挖掘，怎麼耕耘了。

所以，業務員的工作信念是什麼？而它的成功關鍵在哪呢？它是運氣，還是一種信任累積的必經歷程？我們可以歸納凡是成就一件事的五個關鍵行為是：「聚焦」、「細拆」、「扼要」、「綿密」、「持穩」。

而這五個關鍵行為的成功心法如下：

1. 把理想變成具體化目標。
2. 先選擇只要做，就會累積的行動。
3. 把任務定位為經營績效的管理。

4. 與困難相處，接受不確定的心態。
5. 不畏風雨，但要捨棄浪費能量之事。
6. 凡是提前部署，當個成功的趨勢領先者。
7. 行動過程用正面語言來記錄。
8. 不時給自己一個特別的獎賞。
9. 每次行動都寫下心得與提升。
10. 不管什麼任務一定要貫徹執行。

以上勝出的關鍵，必須逐一檢視自己的行動是否精心安排？而這樣的安排可否讓客戶感受到你的誠心與渴望？並且讓他感覺到這些是美好的期待。

於是，這位靠「真情告白」找到業務機會的行為細節規劃有，(1)突然拜訪、(2)懇談、(3)細心記錄、(4)提出需求、(5)表達期許、(6)化成行動方案、(7)回報、(8)為人著想、(9)言行一致。

看看這「碎片行動」，如果沒有很好的探索與細究，就容易讓「假性需求」矇蔽。所以大部份的業務其實不瞭解自己的行為要如何串聯客戶的「真實需求」。

我們試著用一個月來組合說明上述例子的「行為穿透度」：

行動規劃表

行為	代碼	行動規劃	行為說明
穩定拜訪	V		每週兩次保持熱度
真心懇談			想好對雙方有利的議題
做好記錄			當面記錄並唸出重點事項
提出需求			尋找下一個機會
具體期許			規避不切實際的承諾
行動方案			客戶迫切的期待
回報互動			讓客戶信賴的方式
為人著想			把自己擺第二
言行一致			謙虛老實的做
總和			時間統計

註：在每篇文章結束時，可利用行動規劃表，記錄自己是否有達成目標，首先將每種行為自行取一個易記的英文縮寫（例如表格中的示範），填在「代碼」欄位中，每當做到其中一個行為時，就在「行動規劃」欄位中記錄次數，一週結束後，在「總和」欄位中寫下做到哪些行為的代碼，並計算達成這些行為的次數總和，就可以每週檢視自己行為與成果之間的關聯程度囉！

做完「行動量能」規劃後，仍然有一件非常重要的事，那就是「心智訓練」。業務工作最需要的七個「高效心智」是：「信念」、「準備」、「參與」、「學習」、「紀律」、「應變」和「檢討」。

課後摘要

1. 信念：拒絕放棄，並讓客戶認同。
2. 準備：聚焦重點任務，反覆檢驗不足之處。
3. 參與：只要是自己有成長機會及能力可及之事。
4. 學習：要求自己每天進步一點。
5. 紀律：用心做事，並貫徹到底。
6. 應變：確認目標在途，排除干擾及怠惰。
7. 檢討：追求真相，即刻反省，面對缺點。
8.
9.
10.

（註：留空的部份，讀者可以自行補充讀後心得喔！）

表格10　建立自我管理運作組織

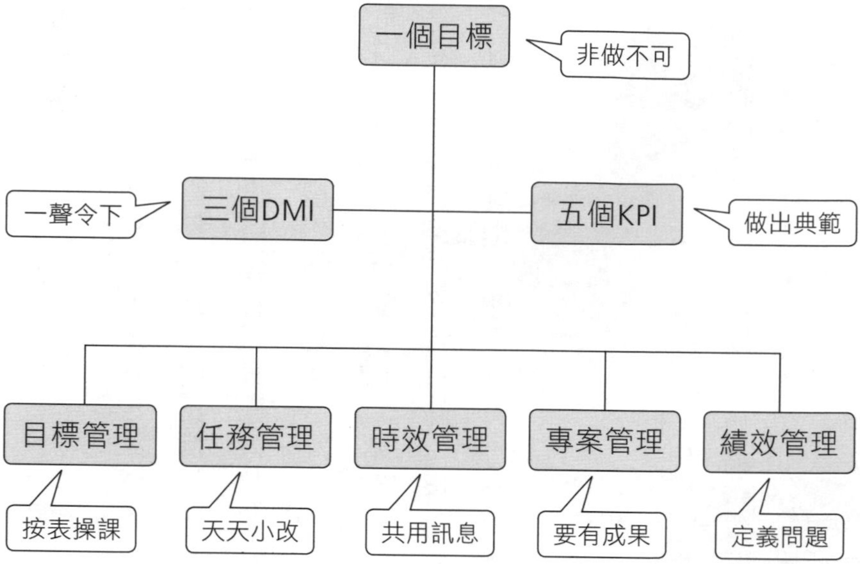

第十三課

建立界線，學會保持距離

夏日午後的天空灰濛濛的，又悶又熱一副快下雨的樣子。此時從公司四樓的帳管處，傳出一陣騷動。某位女同事：「啊！真的嗎？」、「這麼大的客戶，也會倒？」，主管此時正在查，到底有多少帳還沒收回？因為有些客戶，會同時用二～三個公司抬頭跟合作公司來往，所以要一併清查。

接著八卦傳聞滿天飛。竊竊私語：「其實這家公司，這半年來幾乎每個月都逾期付款。是業務主管來掛保證才又出貨的，這裡面會不會有什麼問題啊？」、「說不定喔……」、「這麼大的金額倒帳，會不會也影響到我們今年的年終獎金啊！」、「不會吧？公司業績今年業績那麼好，每個月我催收帳款就知道了呀！」。

「通常看不見的，比看的見的來得重要」。每個人都想在風口上，說點自己的意見和看法，雖然並不是什麼「高見」，但總有人樂此不疲。另外有人說：「自己主觀認定的事，有80％最後證明是錯的」。但事實只有一個，我們要如何選擇呢？似乎要去「禪修」才能稍懂一二。

其實這件事追根究底，它只是一件不良的債權。但如今許多看熱鬧的揣測，讓事情戲劇化了。高層主管：「為什麼付款不正常，還要出貨？」，業務主管：「我們有業績壓力啊」。這是一個充滿著「不滿意」和「不甘心」的對話；也是「不信任」與「不負責」長時間拉鋸的結果。

「聽說有內神通外鬼？」、「好像不只一人？」、「天啊！還有誰能相信？」。止不住的「繪聲繪影」，就像滾雪球般的湧進全公司人的心理。心臟好像被開了一刀一樣，復原之路漫漫長遠。

那一陣子，大家都在議論紛紛：

(1)有目擊者看到公司主管跟倒帳客戶多次喝下午茶。
(2)倒帳金額高達數千萬。
(3)主管海外帳戶被查。
(4)公司多次約談該名主管。
(5)許多客戶都在問。
(6)供應商也來關切。

事情總要落幕的，任誰也不願意再這樣錐心煎熬下去。最終該名主管離開公司自行創業了。這是他唯一能走的路，我們深信「名譽像鏡子」，再好看也不能破。帶著逝去的信任去創業，就像阿兵哥背包裡有顆「是是非非」的手榴彈，不只要小心翼翼，還要老天爺「放他一馬」才行。凡人凡事都會有各種的怨恨糾纏，幸與不幸？要與不要？總是說不準，也猜不透。

公司每次遇到的問題，總會嚴謹的檢討制度上是否有缺失？這次也不例外。尤其是放在「預防問題」及「相互監督」上的調整。幾個原則，於是確立了：

- 逾期付款，要親訪並寫下「付款承諾書」。
- 任何人不得干涉制度「公權力」的執行。
- 不得「虛設行號」，或「借牌出貨」。
- 謹防「密集大量」出貨，查明出處。
- 注意出貨產品偏向「快速流通性」品項。
- 定期換人經營，避免「日久生弊」。
- 禁止串通客戶「惡意倒帳」，犯者資遣。

發生憾事固然令人難過，但遠不及大家所採取的態度。若總是生活在委屈裡，實在不如「檢討自己」。每個人或許都背負過不公平待遇，含冤不白，被鄙視，甚至被「用完即丟」。可是「怪罪」始終沒有先從自己開始，但也沒有回到可以不被誣蔑、指責、誤會……的平靜。

每一年公司會發生大大小小的壞帳案，但只要「傷錢不傷績效」

就好辦。傷錢，是「清點責任」；而傷績效是「清算人心」。俗話說：「人在做，天在看」；更重要的是你自己的未來也在看，並且「如影隨形」。

其實，當事者最重要的莫過於「怎麼總結我們這一生」：

1. 冤屈可以理解，但利益薰心，不值得原諒。
2. 「奮鬥在今生」，若放棄只能等來生。
3. 內心黑暗，眼光也只見到黑暗，反之，光明會更近。
4. 認真思索如何「面對誘惑」，才算獨立為人。
5. 人生一定要有「割捨」，才有權「決定未來」。
6. 活在貪念裡，會阻礙改變，也會讓內心「不得安寧」。
7. 遠離「瓜田李下」，不是恐嚇，而是智慧的累積。
8. 「清清白白」是你這一生最該送給自己的禮物。

9. 原諒自己「暫時無能」，才有機會「創造可能」。
10. 縱然有理由怨嘆，也要放下心中的怨恨。

我們這一代人，都聽過孫運璿院長的故事，他是值得我們一生追隨與景仰的偉大人物。他勇於任事，心繫國家，逆境突圍。更以「嚴以律己，寬以待人」精神傳家。我們除了敬佩以外，是不是也拿來當一面鏡子，隨時檢驗自己的內在呢？

行動規劃表

行為	代碼	行動規劃	行為說明
朝向光明	TL		每年結交三個「光明好友」，遠離「黑暗三友」。
求得安寧			選擇→學習獨處→享受收穫→原諒不能。
學會割捨			練習三不：不能解釋，不能後悔，不能執迷。
清清白白			每天寫下繼續清白的理由（可以重複）。
面對自己			每年向三位朋友「道歉」並「聆聽」對你的怨言。
保持希望			用「正面故事」寫日記。
擊敗貪念			列出革除貪念10守則，並找到監督者。
維持信仰			每年參加一項公益團體，並擔任領導成員。
練習淡定			每天找一個人聽你講笑話，直到他笑開懷。
心靈健康			笑開懷→感染別人→傳播關愛→勸人為善。
總和			

註：在每篇文章結束時，可利用行動規劃表，記錄自己是否有達成目標，首先將每種行為自行取一個易記的英文縮寫（例如表格中的示範），填在「代碼」欄位中，每當做到其中一個行為時，就在「行動規劃」欄位中記錄次數，一週結束後，在「總和」欄位中寫下做到哪些行為的代碼，並計算達成這些行為的次數總和，就可以每週檢視自己行為與成果之間的關聯程度囉！

我們一定有資格選擇要走什麼樣的道路？但也要有所克制與犧牲。走正了，叫「自主」，但走偏了就叫「乖離」，而是被蠱惑了。俗話常說：「生命中的向上提升或向下沉淪，要從暗處走出來，才能找到力量」。值得我們一再深思。

課後摘要

1. 朝向光明：建立「良善人格」，並定出「善待別人」的方式。
2. 學會割捨：自我查覺→學習放手→減少干涉→建立新局。
3. 清清白白：學習建立「自我價值」，然後盡力「增值道德」。
4. 保持希望：「享受擁有」的，「不煩惱」已經少掉的。
5. 維持信仰：肯定自己→愛護自己→珍惜擁有→告別空虛。
6. 建立界線：從暗處走向光明，絕不妥協，不惋惜。
7.
8.
9.

（註：留空的部份，讀者可以自行補充讀後心得喔！）

貳、搶下90%訂單，與客戶談判的不敗技巧

第十四課

山中有神木，業務無神人

有人常說，「放棄很容易，堅持很困難」、「做事很容易，做好不容易」。其實，我們都不怕事情有困難，最怕的是我們習慣了「失敗」，而且心裡壓根兒，「沒有要熬過」。

現實業務工作中，我們要開始學會從「不玩到底」中及時抽身。

每次當他碰到可能的「頭破血流」時，他都在想如何轉個彎，如何再奮起。這次，他又是一次美麗的轉身，不但沒有「認輸」，反而滿是「認贏」的感覺。所以，在每個人在工作中，最好要想清楚，「如何改變自己的習性」及「留下自己最想要的」。

這次的案子，競爭很激烈。因為產品同品牌，只是不同代理商的肉搏戰。這個月，他一直在「不敢稍忘」的在乎狀態中渡過。那天下午，他又如常的打電話給採購，想問出個端倪。結果，採購說，我們已經決定了。他開心的跳起來，馬上問，何時交貨？但下一分鐘，採購說，不是向你們家買的。

這不是晴天霹靂，什麼才是晴天霹靂呢？於是，他本能的在電話中說，「蔡大哥，我馬上趕過來」。但蔡大哥，冷冷地回，「你不用再來，我們不會更改了」。驚呆的情緒，讓他不知所措。但下一刻，他馬上決定不要讓「失落情緒」恣意的傷害自己。

回頭，他拿起助理的包說，「走，跟我去救訂單」。助理不悅的說，「你很討厭啦，我跟你去做什麼？」很快的，他們跳上計程車，直奔客戶的公司去。在車上，助理仍然沒放過他，「一路數落，一路唱衰」。此時，他腦中只想著「救訂單」三個字。於是，他跟一點也不和顏悅色的助理說，「等一下，妳的工作就是對著看到女生就會臉紅的蔡大哥撒嬌」。

來到客戶公司的接待大廳時，他們互相提醒，不要太有「訂單感」，而是要有「尊重感」。當蔡大哥，一直臉紅接待時，他踢了兩次助理的腳，助理也就立即用嬌嗔的說，「蔡大哥……要跟我們買幾台啦，我們這個月就靠您了，拜託啦！」最後，終於蔡大哥拗不過美女的請託，答應給我們兩台的訂單。

沒想到，這種帶有「成癮責任感」的豁出去，竟然是讓自己得到力量的泉源。他們在回來的路上，他的助理，「一路興高，一路邀功」。但在他心裡，已給自己立下了這樣的規矩。(1)自己的人生，要活出自己的路。(2)用積極向上的態度，面對奮鬥的難。

在業務上，能不能成事，是自己一個人的事。如果對於「逆轉勝」沒有深刻的體驗，終將會被「沒事做」給打敗了。其中所體會到的「打斷手骨顛倒勇」樂趣，是一帖業務上的「長生不老藥」。所以，態度決定了你的處境。

所以，什麼是一個A咖業務員的行動準則呢？讓我們來想想：

1. 忘記昨日的不愉快，懷著成功的念頭起身。
2. 整好衣冠，但要讓「脫穎而出」的信念入鏡。
3. 為了理想提早出門，避開浪費時間的壅塞。
4. 有計劃性的閱讀，開擴「見解及視野」。
5. 以「競賽者」的心態，準備著跟工作有關的事物。
6. 以「領先的企圖」，撥打重要的電話。
7. 用「參與」的態度，在會議中專心聆聽與記錄。
8. 紀律性的出門，趁競爭者不備「畫地為王」。
9. 傳達作業訊息給公司，展現負責及勝利感覺。
10. 與客戶及成功人士用餐，「就教請益」多於閒話家常。
11. 「精神抖擻」再工作，注意今天有何不足疏漏之處。
12. 無論晴雨，按計劃行事，排除不必要的干擾和欲望。

13. 預留空間，爭取任何可以讓工作成功的機會。
14. 「檢視進度差異」，配合客戶調整回公司的時間。
15. 回報工作，「不沉澱問題」，與同事討論，分享經驗不藏私。
16. 學習專業不足之處，「檢討今天，規劃明天」。
17. 懷著「日有精進」的滿足，期待璀璨明天的到來。

這次的「逆轉勝」，完全靠著一股「不認輸」的習性，讓他鬥志昂揚。但要如何擺脫「容易放棄」、「不被認同」、「不切身感」、「不願奮不顧身」、「朝三暮四」呢？我們來拆解，這其中的關鍵行為與態度：培養「逆轉勝」的能耐後，還要修練十一個好的「看板練習」上。如「提出好問題」、「當個好聽眾」、「探索好答案」、「建立好關係」、「導引好觀念」、「帶動好心情」、「建議好想法」「分享好經驗」「增加好互動」「製造好影響」「成就好結果」。

行動規劃表

行為	代碼	行動規劃	行為說明
定義問題	D		嚴格地「朝向自己」去尋找。
緊盯進度			採取「前緊後鬆，自我制約」。
狀況模擬			擺好「輸人不輸陣」的態勢。
積極爭取			練習從「示弱到亮劍」的SOP。
自我競賽			用「挑戰潛能」餵養自己的成就
善用弱點			站中間，並改變看事情的角度。
親臨現場			看看有多少是可以掌控的？
掌握語言			用正面積極的語言，改變人的情感。
設定停損			拉高進步的界線。
沉溺戰鬥			挑戰場→模人心→練觀點→打要害
圈住20%			用「卓越」維護自己的城堡。
總和			

註：在每篇文章結束時，可利用行動規劃表，記錄自己是否有達成目標，首先將每種行為自行取一個易記的英文縮寫（例如表格中的示範），填在「代碼」欄位中，每當做到其中一個行為時，就在「行動規劃」欄位中記錄次數，一週結束後，在「總和」欄位中寫下做到哪些行為的代碼，並計算達成這些行為的次數總和，就可以每週檢視自己行為與成果之間的關聯程度囉！

課後摘要

1. 提出好問題：好問題關係著雙方長期的利益。
2. 當個好聽眾：寫下對方要你聽進去的。
3. 探索好答案：提出過去↓現在↓未來的不同看法。
4. 建立好關係：懂得欣賞別人的優點。
5. 導引好觀念：從肯定自己開始。
6. 帶動好心情：使他人存在著「優越感」。
7. 建議好想法：用「講感受」取代「講道理」。
8. 分享好經驗：編輯「感同身受」的故事。
9. 增加好互動：讓別人感到你的「真誠心」。
10. 製造好影響：讓別人願意去「想明白」。
11. 成就好結果：接受彼此的價值觀，暢議未來方向。
12.

13.

14.

（註：留空的部份，讀者可以自行補充讀後心得喔！）

表格11　工作信任度（自我管理模式）

個人風格	自我管理	作業要求	工作模式	考核指標

NOTE 在表格中填入自己的工作模式，並讓客戶知道，可以讓客戶理解並配合。

第十五課

何去何從之後的風華再現

那一陣子，情緒低落的表情，寫滿客戶汲汲營營的臉龐。對於無法預知的未來，顯然只能「束手無策」。創業時，他們很清楚要在哪裡立足，在那裡胼手胝足。但此時此刻，誰能冷靜面對跟昨日不一樣的明天呢？答案是，「等待結果」比沒有好結果更讓人「心急如焚」。每一個人，都想讓結果不致等太久，也不要太悲慘，但誰能說了算呢？中華商場的客戶，因為即將面臨拆遷，此時就深陷在焦慮的「何去何從？」之中。

小楊，剛負責中華商場三個月，但混亂，猜測，耳語滿天飛。客戶無心做生意，也不關心其他店家在做什麼？反而，都在討論如何另起爐灶？此時，他們少了彼此競爭，多了想要綁在一起的脆弱。因為，戰場即將變廢墟，熟悉的人潮即將散去，感傷，無助，很失落。

沒有防備的客戶，希望有轉圜的餘地；或者很快有人幫他們「安身立命」。但一切希望卻破滅了，兩個月內要被拆。拆掉所有的念想，回到剛創業，回到嗷嗷待哺。小楊，開始陪著客戶憂心，跟著想辦法，但大部份時間是怨懟和空白。那段日子，他好像是心理諮商員，社工人員，慈濟志工，……。

以小楊二十九歲的年紀，他沒有太多的經驗在陪伴，安慰，扶持，想出路，當家做主上…。於是他想著，到底如何幫助他的客戶，踏出「風華再現」的第一步呢？後來，他們成立了自救會，但「沒人知道下一關會碰到什麼？」。終究要像剛創業一樣，「靠自己的能耐，向未來討生活」。

「艱苦卓絕」相伴而來的是「有失就有得」。小楊覺得很開心客戶把他當自己人的對待。現實，一直沒有想像中的困難，也沒那麼容易應付。自救會很積極找到西寧市場，也找到了希望的扶木。於是，時間被用得靈活不浪費，每天都以驚人的速度邁向目標，沒人喊退。

「打掉重練」及同舟共濟，催生了新中華電腦科技城。有人離開，有人勇敢加入，但沒人放棄希望。那段時間，無意間發現結合各方資源，是最令人興奮的事，並懂得如何以「共同利益」，做為彼此「信賴的基石」。小楊向公司建議許多幫助客戶重新營運的行動清單，洋洋灑灑列了二十幾項，並逐一跟公司討論，也跟客戶商議。看在客戶眼裡，簡直是「自家人」的行為。

開幕當天，公司安排了媒體採訪；總經理到場站台發聲支持；舞獅慶祝；花籃陣祝賀；商家誓師大團結，開幕大酬賓，中小學生參訪……等活動。場面隆重，熱鬧喧天，十足的辦喜事模樣，令人終生難忘。因為很多商家並未參與當年中華商場的開幕，但終於在自己手中完成了新中華科技城的開幕，誰說，這不是上天的安排？

解析這次新中華電腦城，能在這麼短時間內整合重新出發，有以下四個效應在支撐著，就像一張桌子的四隻腳，缺一不可：

(1)「蓋廟效應」

每個人都要參與，有錢出錢，有力出力。並且一切資訊透明，讓參與者不斷的提供可用的資源，同時也知道團隊其他人的貢獻。完工後，大家一起辦喜事，日後，每個伙伴都會竭盡心力，讓它「發光發熱」，誰也不能「置身事外」。

(2)「龍舟精神」

必須有舵手，每個成員都須空下時間來「培養默契」。因為每個人的狀況不同，需要的協助也不同。一旦有人跟不上步調，或有所保留，就會輸掉整場比賽。

⑶「巡邏箱紀律」

定時定點，要有人去盯進度，在每個檢測點，用心的寫下他的觀察及改善的建議。不能隱滿事實，也不能隱匿不報，而錯過任何可以補救的機會。最好是每個人都輪流擔任這個角色，才可取信於其他人，也才知道箇中的辛勞與責任。

⑷「聖火效應」

到了關鍵時刻，大家一起討論未來的努力方向。並「集思廣益」找到最佳方法，一路前行，一棒接一棒，直到終點。沿途還有關心者，不斷的給與鼓勵和支持。一旦沒有掌聲，就不知道如何咬緊牙關，撐到終點。

主管要小楊來分享這段幫助「商家重生」經驗時，他思考著寫下以下心得：

1. 當別人告訴你困難時，他也希望你能幫助他，不管什麼方式。
2. 多方整合的最大「公約數」，就是彼此讓出20%的既得利益。
3. 意見分歧時，就是每個人要對自己行為負責的關鍵時刻。
4. 面對困境時，需要理解，行動，觀察，感受力的提升。
5. 如果想分到餅吃，自己要有能力先「把餅做大」。
6. 不管你的位置多麼邊緣，別讓自己「孤立無援」。
7. 「自力更生」比獲得救急的資源更重要。
8. 「明哲保身」與「溫情主義」，是破壞團結力量的罪魁禍首。
9. 用「你活我也活」的視角看變局，結果往往生機無限。
10. 能比對手早一步看出，並做好準備，絕對是最後贏家。

業務工作無法像數學或物理一樣，只有一個正確答案。而是比較像藝術或哲學，需要不斷找尋最好的結果。並且透過工作中碰到的大大小小事件，無數的衝突與合作，來造就成果的每一頁。所以，面對變局的解讀及應變能力，你準備好了嗎？

行動規劃表

行為	代碼	行動規劃	行為說明
勇於讓利	C		做大價值，然後讓出20%的增值利潤。
把餅做大			每年對自己及工作要求連續十年成長10%。
自力更生			每年三項目標，但只有一項可以中途放棄。
績效思維			把目標拆解，分成前→中→後，七階段實踐。
提前解讀			對工作清單的「步驟及方法」想出二十種可能。
看向遠方			目標設定在三年後，並規劃每月前進的距離。
投資評價			用你50%的資源，投入客戶對你的三個願望中。
使命必達			把「堅持到最後五分鐘」變成習慣模式。
總和			

註：在每篇文章結束時，可利用行動規劃表，記錄自己是否有達成目標，首先將每種行為自行取一個易記的英文縮寫（例如表格中的示範），填在「代碼」欄位中，每當做到其中一個行為時，就在「行動規劃」欄位中記錄次數，一週結束後，在「總和」欄位中寫下做到哪些行為的代碼，並計算達成這些行為的次數總和，就可以每週檢視自己行為與成果之間的關聯程度囉！

工作一定有問題，因為你要達到目標，就會碰到問題。而問題通常不容易被抽絲剝繭出來。也許解決一個問題會延生出十個問題來。但要從發現問題→定義問題→解決問題→預防問題中找到解決之道，就必須「做對決策、用對方法、選對團隊」。

課後摘要

1. 蓋廟效應：對團隊及需要的人，每位成員提出「具體貢獻」承諾。
2. 龍舟精神：沒有拚盡全力，就等於在競賽中「失格」。
3. 巡邏箱紀律：「親臨現場」發現問題，才能避免問題重複發生。
4. 聖火效應：參與是「榮耀」；給人成就是「美德」。
5. 投資評價：把「善意」及「夢想」放在座右銘裡。
6. 使命必達：直線不一定是捷徑，但「堅持」是唯一的路。
7. 鎖定策略：用一次「感人肺腑」的行動，永遠抓住客戶。
8.
9.
10.

（註：留空的部份，讀者可以自行補充讀後心得喔！）

表格12　客戶關係管理目標

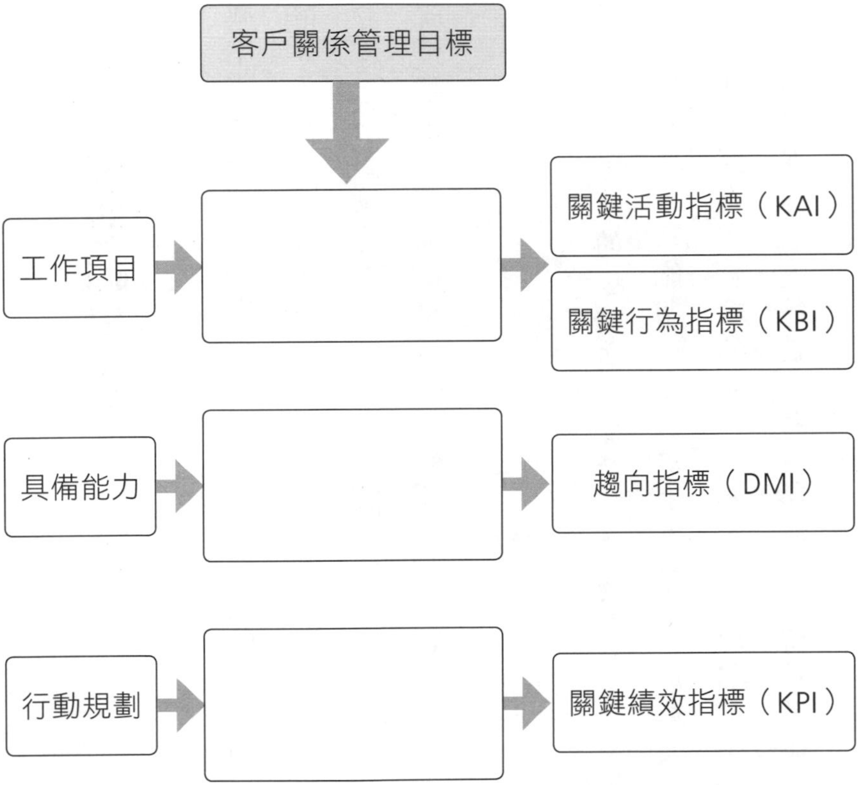

NOTE

· 工作項目：增進客戶黏著度的項目有哪些？
· 具備能力：應該具備的工作能力。
· 行動規劃：可行、可評估的行動

第十六課

攻心為上，創造超乎想像的感動

「風雨生無情」，一生的心血，瞬間化為烏有。痛，在你毫無準備；無助，在你還懷有希望。一場暗夜襲來的風雨，它已經不是災難，而是生存的打擊。瑞芳鎮，沒能躲過史上最無情颱風對它的摧殘，基隆河暴漲，貨櫃像被打的保齡球般的橫躺，阻斷水流，淹進家園。

小林負責瑞芳鎮的經銷商，從前一晚的電視報導中，他驚覺不妙，但也不知所措，只能期待老天爺手下留情。第二天，電視的災情報導，更讓他搖頭自言自語的說，「完了，一切都完了」。這天是星期假日，小林正呆坐在電視前，打電話給兩家當地的經銷商，也沒接通，枯坐，無助，腦筋一片空白。

突然，電話響起，主管要他，以最快速度到公司集合。到公司後，他們倆開著公務車，直奔大賣場，採購了泡麵，礦泉水，麵包……塞滿後車箱及車內。前往的路途中，颱風的肆虐，令人觸目驚心。不安的念頭，縈繞不已。滿路的泥濘，讓他們捲起褲管走的更艱辛，離客戶的店頭，還好幾百公尺，看得到滿目瘡痍，看不到荒蕪後的陽光。

打起精神，為了趕往現場，物資雖重，卻沒感覺。上次赤腳走路，已經不知道是多久已前的事了？心裡滴咕著，客戶怎麼清掃這些爛泥巴啊？心裡也感想著，業務生涯第一次用「救難者」接觸客戶，難以言喻，無法忘懷。

到了客戶店頭，滿頭大汗的客戶，大聲的問我們，「你們怎麼進來的呀？」。眼神中充滿著好奇跟感激。主管用台語開口說，「你們辛苦了」、「有什麼我們可以幫忙的？」，同時示意小林把救難物資送過去放下。客戶連忙鞠躬說，「謝謝你們來關心我們，你們是第一家來看我們的代理商，足甘心ㄟ」。

主管委婉的說，「如果這個月無法做生意，上個月的貨款可以延遲一個月，跟我們說一下就可以了，我們會從系統上做延付，不會有逾期記錄的，你們放心」。此時，看到老闆娘，眼睛溼潤，嘴角微微顫抖，連忙說：「沒關係，我們儘量湊給你們，謝謝啦！」。小林從心底想著，眼前這一幕的不就是「感謝今生讓我遇見你」的對話嗎？至情至性，無比溫馨。小林似乎也開始明白，主管常說的：「能讓客戶感動的，才是一流的業務人」。

有人說，「感人肺腑」是上乘業務的細膩建構。一樁事故，一堂學習課，簡單的人性交鋒，可見端倪。一次的「溫馨送暖」喚醒了小林對「魅力業務」的認知。原來沾滿污泥的雙腳，捲起的褲管，貼心的物資，都是讓人幸福溫暖的人情味。

回家的路上，主管讓小林說說他這一趟的感想。主管更勉勵他，

「路是無限寬廣，要走出自己的路」；又說「凡讓人信任者，無不以真誠為要訣」。主管獨特的「雪中送炭」比任何的教育訓練更有價值。若不是一場颱風，他可能永遠不知道「讓人感動是世界上最值得的事」。

小林回到家裡，開始找到過去他買的業務書籍，重新閱讀整理。特別針對如何創造讓人超乎想像的感動，寫下了幾項心得及做法。

1. 沒能爭取到的，也要看到溫暖與感動。
2. 面對客戶，讓他每次都看見「你的珍惜」。
3. 讓客戶不斷的喜歡「有溫度被擁抱的感受」。
4. 業務不變的初衷是↓創造超乎想像的感動。
5. 人際學：「主動走出去，先讓自己成長，再關懷別人」。

6. 業務哲學：「你若優秀，客戶自來；你若自愛，信心自會漸長」。
7. 初見客戶，你要做的是親切問候，並得到他的「期待與渴望」。
8. 任何客戶的一份信任，都來自「不完美」的相處。
9. 沒有天生的合作契機，只有願意合作的「兩顆心」。
10. 面對挑剔的客戶，不需委屈求全，只要「自我問責」到底。

行動規劃表

行為	代碼	行動規劃	行為說明
打氣助陣	E		寫一封信給客戶，陪伴他渡過苦難。
看到慨嘆			練習與客戶見面，「察難言觀苦色」。
感動而回			搜集讓人感動的話語一〇〇句。
情緒責任			別人的情緒起伏，我們有80%的責任。
兑現關懷			列出每月的「關懷工作清單」。
真摯工作			把自己當成「創業者」，不是受僱者。
積極快樂			先做好自己，再幫助別人。
做好眼前			至少完成80%每天該做的工作。
不改初心			每年初寫下今年三大工作願望，年底檢核。
總和			

註：在每篇文章結束時，可利用行動規劃表，記錄自己是否有達成目標，首先將每種行為自行取一個易記的英文縮寫（例如表格中的示範），填在「代碼」欄位中，每當做到其中一個行為時，就在「行動規劃」欄位中記錄次數，一週結束後，在「總和」欄位中寫下做到哪些行為的代碼，並計算達成這些行為的次數總和，就可以每週檢視自己行為與成果之間的關聯程度囉！

俗話說：「付出才有回報，努力才有成果」。「認真的工作者」，不會是一個人的孤獨旅程。有志者，請加快腳步跟上這部「讓人感動不只一生」的列車。一個認真執著的業務人，績效好壞無需在意。只管全力以赴，上天即使沒給你想要的成果，也會給你更好的。相信自己，也相信客戶跟你一樣，會給你想要的，只要他「深受感動」。

課後摘要

1. 讚賞別人：讓幸福的感覺深入他人的心靈。
2. 不改初心：發願把自己當成「初學者」。
3. 做好眼前：努力做事，但不把得失在心上。
4. 提升專注：要就「全力以赴」，不然就離開。
5. 捨棄偏見：花1／2時間「管理自己」，花1／2時間「學習成長」。
6. 挑戰現狀：不能自滿，只是沒遇見高手。
7.
8.
9.

（註：留空的部份，讀者可以自行補充讀後心得喔！）

第十七課

拒絕退讓，沒什麼可怕的

有一家大型電腦連鎖賣場，在上市之前，施行對供應商的「馬關條約」。上架費、贊助費、年度折扣等……名目多如牛毛，供貨商們，焦急跳腳。每家公司業務幾乎只有退讓，束手無策。大家都在困擾著，若不簽屬「不平等」合約，業績怎麼辦？反正大家都一樣？只要有業績，公司一定會同意的……。這樣的想法，再合理不過了。

慌張的業務，向其主管報告剩下三天簽約最後期限。沒想到，主管卻拒絕了。他馬上問：那他的業績怎麼辦？沒有業績，就沒獎金耶？別家都簽署了，我們不簽，會不會從此失去機會？客戶的採購已經下了最後通牒了，老大，請告訴我怎麼辦啊？

主管於是對這位業務說：「處理問題不是據理力爭」，而是做到可以讓別人覺得有價值的事。針對這家大咖客戶，我們應該整理一些客戶認為對他很重要的資訊。諸如：我們一段時間提供了哪些他需要的服務？我們幫他解決了哪些麻煩？接下來他在營運上應注意到的情事是什麼？而更重要的是，他很清楚他應該怎麼跟你配合？

緊接著，主管要他去約這個客戶的高層見面，並準備做一份「交心簡報」。同時，拿出對方的合約版本進行「沙盤推演」。哪些要接受？哪些要質疑？哪些是不合理的「上吊條款」。還有我們的底線在哪裡？還有，萬一客戶堅持「不簽就不交易」怎麼辦？這一幕幕，都經過詳細的規劃及模擬。但沒有人說得準，最終會怎樣？

哪天晚上，主管單獨赴會，就在一家五星級飯店，進行了高峰會議。從晚上七點開始，一個小時，一個小時過去了。誰也不肯讓步，誰也沒說服誰？就這樣，看似平常，一兩個小時可以有共識的談判，竟然拖到深夜十二點半，終於達成「合法協定」。而這樣令人驚豔的結果，到底主管在整個溝通談判過程中，用了哪些「眉角」才有這樣令業務們，口服心服的結果呢？

其中最關鍵的溝通談判技巧有以下的七個要訣：⑴傾聽、⑵理解、⑶興趣、⑷討論、⑸支持、⑹期許、⑺結語。而這七個溝通談判技巧的關鍵成果為何呢？

⑴傾聽：用筆紙記錄，並唸出重要決議。
⑵理解：用自己的語言讓對方認可。
⑶興趣：過程中充滿「非常有興趣的氛圍」。
⑷討論：就難解的議題，讓雙方公平的表達。
⑸支持：過程中，不時用「支持語氣」鼓勵對方。
⑹期許：循序漸進且明確表達你的期許。
⑺結語：對今天的結果，來個感恩的「真情告白」。

在業務的領域裡，支持我們一再克服困難向前走的，其實都不是外在的一些有形條件。反而是，看不見的一些「心志」及「信念」在砥礪著我們不可放棄。同時，要不斷修掉一些「致命的缺點」。

譬如，「輕信寡諾」、「便宜行事」、「光說不練」…等這些職涯中的無形殺手。所以面對工作中的困難與挑戰，我們要培養堅強的「心智免疫力」，方可在通往成功的考驗道路上「暢行無阻」。

面對業務上的「強凌弱」、「戰勝恐懼」是必要的。因為，打垮你的，通常都不是別人，而是一個不知哪些事不能做的「短視心態」。而這些不知道怎麼搭舞台的「臨時工」，通常花時間，但不會有成果的。因為，像「客戶至上，天經地義」、「業績掛帥，退讓有理」、「來者是客，焉能拒絕」、「一日客戶，終生客戶」，這些都是業務自我妄想和胡思所創造的「虛擬世界」，但也會造成永久的「項圈情節」。

那到底，要怎樣做才是對的呢？首先要趕走「退讓意識」，並且找到思想上的解方。而這解方，只能靠自己，別人的解方，不一定適合你，只能參考。

1. 退讓要有底線，退讓也要有鋒芒。
2. 正當的禮讓，不是委屈求全。
3. 一味退讓得不到尊重，更得不到感謝。
4. 不要只講利益，不講原則。
5. 沒得到認同，一定有你努力不夠的地方。
6. 現實殘酷，唯有實力才能擺脫困境。
7. 別指望人幫你，自己才是真正的靠山。
8. 別高估你的妥協，面對客戶要站在公平的位置。
9. 常與同業論高下，不以關係論短長。
10. 學會拒絕，表示我們逐漸強大。

11.達到目標，最好用的是「實力與毅力，而不是勢力。」

以上成敗關鍵，到底是什麼？為什麼總是跳不出，明知不能為，怎又為之呢？於是，「自我問責」成了最好的「藥引子」。內含(1)主動溝通、(2)價值表彰、(3)底線規劃、(4)具體期許、(5)條件交換、(6)保持沉默、(7)分散風險、(8)堅定信念。

如果沒有很好的探索與細究，就很容易被「喪權條款」給擊潰。所以大部份的時候我們必須經常用筆跟紙寫下你的「意志行動」。

我們試著用一個月來組合說明上述例子的「意志堅忍度」：

行動規劃表

行為	代碼	行動規劃	行為說明
自我問責	R		是否權力義務相當
主動溝通			是否可以破除80%的質疑
價值表彰			說出自己相信的事實
具體期許			說出一～三年的期待
條件交換			5-4-3原則(要3給4做5)
保持沉默			至少忍耐超過七天沒人理
分散風險			一大一小一備胎
堅定信念			每件事至少做五次以上
總和			時間統計

註：在每篇文章結束時，可利用行動規劃表，記錄自己是否有達成目標，首先將每種行為自行取一個易記的英文縮寫（例如表格中的示範），填在「代碼」欄位中，每當做到其中一個行為時，就在「行動規劃」欄位中記錄次數，一週結束後，在「總和」欄位中寫下做到哪些行為的代碼，並計算達成這些行為的次數總和，就可以每週檢視自己行為與成果之間的關聯程度囉！

當「行動量能」規劃完後，還要做「心訓」。那就是「知行合一」訓練。業務工作最需要的「心智學習」裡，有一些始終在考驗我們。尤其是「言行一致」、「面對問題」、「自我認可」、「站對位置」、「對等關係」、「忽略自負」，和「學習領悟」等最重要。

課後摘要

1. 業務的成功必須確實執行「知行合一」。
2. 業務最需要考驗自己的是「言行一致」。
3. 面對問題最需要的態度是「自我認可」。
4. 若要看清事實真相，你必須「站對位置」。
5. 若想要求別人時，必須先是「對等關係」。
6. 要受到客戶的尊重，一定要「忽略自負」。
7. 任何事物沒有對錯，但必須「學習領悟」。
8.
9.
10.

（註：留空的部份，讀者可以自行補充讀後心得喔！）

表格13　顧客關係及行銷策略思考

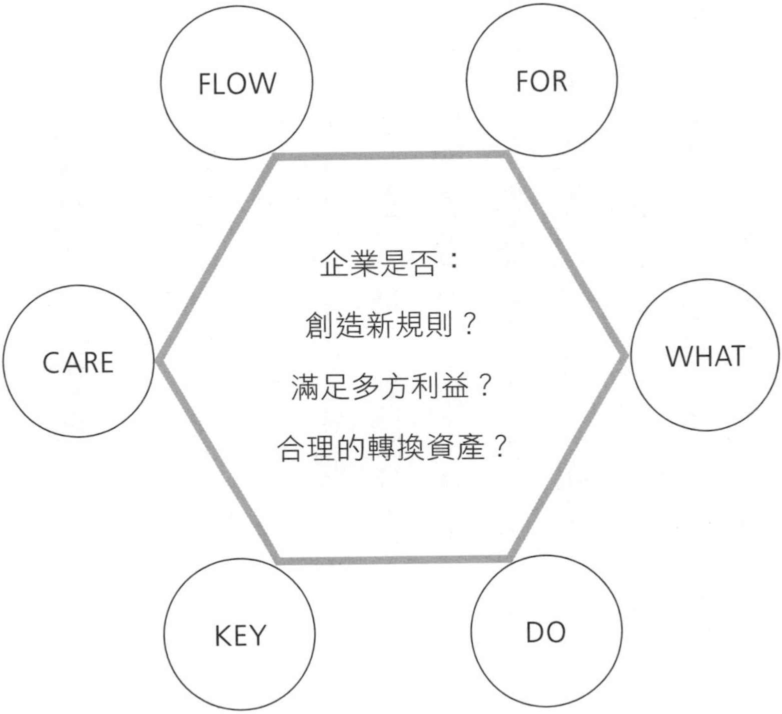

NOTE

- FOR：目的、意義。
- WHAT：做什麼？做到什麼程度？
- DO：執行步驟、順序。
- KEY：成功關鍵及課題。
- CARE：完成目標及成長。
- FLOW：流程、注意事項

第十八課

追求明星客，放生麻煩客

以前，有一個新通路業務上線，主跑台北汐止區。碰到一個新客戶主動打電話來想交易，想當然，他非常想證明自己可以獨立開發新客戶。但他忽略了，如何辨別「雜牌客戶」、「喬裝客戶」、「偷渡客戶」以及「禍心客戶」是否就在他身邊？

這個客戶用簡單的裝潢，聘用工讀生，自己本業是紡織業，但卻在五十五歲左右，做起電腦門市生意，這樣的客戶，你要用什麼來判斷它，是否值得經營的「潛在客戶」呢？

首先，你要想想客戶為什麼找上你？再來，他沒有別的選擇嗎？接著，他為什麼沒被競爭者選中？然後，他的條件有比你現有的客戶更有潛力嗎？諸多這樣的問題，你是如何過濾的，很可能就成為你日後業務績效成與敗重大的關鍵。

這個業務曾多次向主管提出，客戶的特殊需求，如付款條件放寬等，所說的幾乎都是客戶的版本。所以，很多較缺乏經驗的業務員，很容易相信自己喜歡聽到的字眼，而忽略了他該聽到什麼重要又真實的資訊。

其實，大部份所謂的客戶都是由公司經年累月「碰撞出來的」。而擺在面前最棘手問題是：「要怎麼選客戶？要怎麼定義對的市場？」。但是有70%以上的公司，卻只靠單一專長求生。

公司在客戶的經營上，會經歷四個階段的考驗。而這四個階段在很多公司的經營現狀上，有著無能為力的痛苦。因為他們不知如何「客戶分級→業務分級→服務分級」？而這裡面最大的障礙就是「業務導向」所誤。

「業務導向」哪裡有誤，沒人說的清楚？但多數的公司，就是在不知不覺中誤食客戶的含糖毒藥。如果公司對於目標客戶的定義及篩選，沒有隨客戶階段的改變而調整，就會變成像路邊快炒店一樣的菜味「似曾相似」。最後掉入紅海市場的競爭，一直在微利邊緣掙扎，而不知如何在別人忽略的角落裡脫困創利。

在客戶經營的四個階段，藉用BCG的模式來定義。就是「問題客戶」、「明星客戶」、「黃金客戶」、「痲煩客戶」。但這其中，是由公司的「產品價值」來決定的。而這「產品價值」指的是有形與無形的產品組合。至於公司會召來什麼樣的客戶？就看公司到底有什麼「門當戶對」的條件而定。

所以，一般定義：

「問題客戶」：意指新客戶或未來一年業務成長率不穩定的X％。

「明星客戶」：意指大客戶或未來三年業務成長率高於30％。

「黃金客戶」：意指老客戶或過去三年業績成長率低於10％。

「麻煩客戶」：意指不值得經營的客戶。

一個好的公司，它的資源是有計劃且有效的分配。但大部份的公司卻有意識及無意識的被客戶及業務掠奪了。其實「業務導向」本身無錯，只是公司沒有跟上業務步調，而把公司變成一個「訂單接收者」角色而已。經年累月，公司退位，緊接著不斷上演，「客戶跟著業務走，而業務也跟著客戶走」的戲碼。如果能把業務型態從「業務對客戶」變成「公司對客戶」才會避免不同業務不同做法所延伸出的資源耗損。

而面對新客戶開發應有的行為規範是什麼：

1. 務必在三天內親訪客戶。
2. 請客戶出示公司三證（營業登記，公司執照，負責人證件）。
3. 當場詳細填寫新客戶建檔資料。

---

4. 觀察員工工作態度及專業。
5. 反覆用尖銳問題，檢核負責人的任何陳述。
6. 拒絕任何不當的要求。
7. 婉謝客戶的贈禮。
8. 不卑不亢的展現誠意。
9. 表達按公司流程而做的決心。

其實，好的業務員最重要的是「行動量能」的累積及「行動耗損」的控管。所以業務要維持高效的「行動報酬率」，就變成現今大家要關注的「業務顯學」。

我們試著來組合第一個月的行動量能，並說明上述例子的「行動變現度」：

行動規劃表

行為	代碼	行動規劃	行為說明
親自面訪	FF		實地／實務／實說
行動記錄			用代碼寫在記錄表
店內查訪			5W1H記錄訪談
認真提問			1W／1H／1W
資料檢核			親見正本
爭取簡報			SMART原則
信用調查			SMART原則
規劃二訪			客戶分級評估
銷售試煉			檢核流程化
總和			時間統計

註：在每篇文章結束時，可利用行動規劃表，記錄自己是否有達成目標，首先將每種行為自行取一個易記的英文縮寫（例如表格中的示範），填在「代碼」欄位中，每當做到其中一個行為時，就在「行動規劃」欄位中記錄次數，一週結束後，在「總和」欄位中寫下做到哪些行為的代碼，並計算達成這些行為的次數總和，就可以每週檢視自己行為與成果之間的關聯程度囉！

課後摘要

1. 主用經營價值定義目標客戶規格及面貌。
2. 確立產品價值組合的DNA及運作系統。
3. 找出經營客戶的關鍵課題及改善行動方案。
4. 討論關鍵課題解決的三方：方向／方法／方案。
5.
6.
7.

（註：留空的部份，讀者可以自行補充讀後心得喔！）

表格14　執行力運作規劃

項目	KPI	OKR	AMS
建立運作標準			
規劃工作模式			
教導工作暨能			
驗收工作績效			
排除工作障礙			
維護工作成果			
其他			

NOTE　AMS：行動管理系統（Activity Management System）。

第十九課

走進現場，熟練蹲點

以前，有個新業務負責連鎖商場。但經過幾個月的努力，還是無法突破業績障礙點。最後他的主管告訴他，必須「走進現場，熟練蹲點」做記錄來找盲點。這其中最重要的是，如何細分整個行動的斷點與連結點。於是他將行動記錄進行分析，終於找到了如何切進客戶的痛點？並且提供了很有賣點的建議方案。在次月就提升了50％的業績。

又有一個業務負責宜蘭地區，每月去一次到兩次實地拜訪。當時只有北宜公路，每次早出晚歸，但是一整天下來也只能拜訪五～六家客戶，但下一次又要隔很久，所以，雖然宜蘭有二十幾家客戶，但實際上他只經營十幾家而已。這個困擾，最後由主管親自操作「行動管理系統」提升了50%的客戶拜訪率。

從事業務的人，到底每天最重要的事情是什麼？這個課題，可能有90%的業務人，其實並不很清楚。於是會出現三種被綁架的行為，一是「我喜歡」，二是「被叫去」，三是「被催促」。

傑出的業務人會非常在意每個行為背後的「效率差距」。而是用一種「複製成功模式」的工作方式，有節奏性的進行著，每日、每週、每月的業務工作。然而，大部份的業務人每天的運作，其實只是在走進自己的「習慣胡同」而已。

上述的兩個案例，到底要如何脫困呢？關鍵在於找到「行為與成果的關係連結」。所以，整個業務行動力的優劣在於四個重點的掌握：⑴行為與規則、⑵順序與系統、⑶步驟與行動、⑷模式與流程。

基於上述四大關鍵，我們來拆解那位連鎖賣場業務，如何將蹲點的行動內容「細微化」。並且做有效的連結。

首先我們來檢視蹲點工作清單如下：

1. 確立蹲點目標及行動項目。
2. 選擇不同時間來做，反覆記錄。
3. 記錄的方式，事先設計及演練。
4. 專注積極的態度。
5. 不畏風雨，紀律執行。
6. 記錄可接受公評。
7. 不會偏食，而選擇性記錄。
8. 每次蹲點，必須體力精神充沛。
9. 每次記錄都寫下心得與改善。
10. 資料分析必須得到支持。

以上蹲點行動工作清單，必須逐一檢視後付諸執行。接下來就要進行「行為解剖」。一般蹲點行為分為觀察記錄「顯性行為」與「隱性行為」。舉例來說：記錄每個時段進出人數、性別、穿戴、停留時間、逛店範圍等，是屬於顯性行為。又或逛店時的表情、眼神、交談語氣、語意等，就屬於隱性行為的觀察。

於是，這連鎖店業務當時的行為規劃為：⑴計數、⑵記錄、⑶店內訪問、⑷出口民調、⑸資料讀取、⑹書面化、⑺簡報、⑻追蹤、⑼診斷。看看這「行動工程」的細拆與解析，如果沒有很好的規劃與執行，就容易讓成果與結果出現「月暈現象」。所以大部份的業務其實不瞭解自己的業績好壞，是從哪些行為的組合而成的。

我們試著來組合說明上述例子的「行為活力度」：

行動規劃表

行為	代碼	行動規劃	行為說明
按表計數	CD		按碼錶或寫正字記錄
數據記錄			用代碼寫在記錄表
店內訪談			5W1H記錄訪談
出口民調			5W1H記錄訪談
資料讀取			S.W.O.T分析
書面摘要			SMART原則
簡報分析			SMART原則
定期追蹤			結果評估
診斷溝通			成果建議
總和			時間統計

註：在每篇文章結束時，可利用行動規劃表，記錄自己是否有達成目標，首先將每種行為自行取一個易記的英文縮寫（例如表格中的示範），填在「代碼」欄位中，每當做到其中一個行為時，就在「行動規劃」欄位中記錄次數，一週結束後，在「總和」欄位中寫下做到哪些行為的代碼，並計算達成這些行為的次數總和，就可以每週檢視自己行為與成果之間的關聯程度囉！

做完行動「量能」規劃後，仍然有一件非常重要的事，那就是「質能」訓練。

很多組織都會做必要的職能訓練，或專業訓練，但往往效果欠佳。主要是缺乏細拆任務的「行動超音波」及沒有「分流訓練」，而造成好壞天註定現象。再者，沒有形成一套執行系統所致。而量能規劃的困難在於，「目標客戶」、「產品價值組合」、「關鍵課題」的分析與篩選。這也是最難突破的地方。

先前我們提過，除了業務本身對於業績結果的行為「無記錄可查」以外，來自公司及主管的「全能指派」及「無針對性教導」則是無法抽絲剝繭的亂源。但面對這樣的「運作失智」現象，大部份的公司真得沒有辦法說明癥結在哪裡？於是乎，知道有問題，但問題始終是個謎。

一個公司經營的成敗重要關鍵，在於是否有三統？是否「統一標準」、「統一語言」、「統一步調」。回到這次主題，「走進現場，熟練蹲點」，標準怎麼訂？語言如何溝通？步調怎樣協同？這就必須在公司內部進行所謂的「試誤過程」。而這試誤過程，最需要的是行為具體化，數據記錄詳實，以及將操作步驟，製成手冊或置於電腦系統。從上到下，隨時提醒所有的運作者。

課後摘要

1. 將目標分解成「行為與規則」。
2. 把任務精簡成「順序與系統」
3. 將運作細分成「行動與步驟」。
4. 將做法執行成「心得與模式」。
5.
6.
7.

（註：留空的部份，讀者可以自行補充讀後心得喔！）

表格15　職場勇者需培養的七個能力

七個能力	KPI	行動方案
疑問力	• 問聽比例	
觀察力	• 提問項數	
實驗力	• 試煉次數	
執行力	• 行動品質	
規劃力	• 行程準度 • 達成比例	
社交力	• 認同比例 • 傳輸速率	
檢核力	• 檢核頻率 • 追蹤品質	

NOTE　行動方案、具體行動及可創效的行為（5W1H）。

叁、更上一層樓，從菜鳥搖身一變成為金牌業務

第二十課

業務員常犯的十三個錯誤

那是一個星期還要上六天班的年代，沒有手機，沒有個人電腦。做為業務員，你必須要能把客戶約到，才是唯一生存的方式。再者，見到客戶，要說些什麼？做些什麼？才會讓客戶覺得「有價值」，沒有浪費跟你洽談的時間。所以，你想做好業務，你的約見功夫就會越來越好；若不想做好，同樣地，藉口也會越來越多。

大多數的業務員，經常擺盪在「自我感覺良好」的傲慢與「自卑」的懦弱之間。很少人能真正從中找到「不卑不亢」的平衡。這一切來自於，沒有清醒認識到自己要的是什麼？而為什麼很努力？但始終都在「消耗自己」。

小張，大學念的是國際貿易系。當完兵之後，他接續換了幾份工作，在別人眼中就是典型的「三天打漁，兩天曬網」。他這一回進了一家傳統家族企業，做業務的工作。接著在「猶豫不決」與「逃避現實」中做了一年，沒有什麼業績，終於公司辭退他了。

小張犯的是，「以為自己不認為就不存在」的錯。就像癌細胞一樣，平常也許沒有知覺，但蔓延起來是會致命的。很多時候，業務的考驗，不是你的「天賦」有多棒，而是你有沒有「辜負」了自己的天賦？小張的錯誤，正確的說，不是那難過的遭遇，而是沒有成長與反思。

所以，很多業務員常犯許多「揮霍青春」的錯，因為不容易找到界線，以致於，不知不覺地讓自己跛著腳走路，越走越歪。當他習慣了「自由放縱」，就會像變了心的女朋友一樣，永遠「回不去了」。我們細數一下，以下的十三個錯誤行為，它讓人喪失「自我價值」，也很容易讓人一頭鑽進「短多長空」的死胡同。各位小張們，你會反省吧？

1. 無善意的初衷，誤入岐途

想要改變自己的生命，就要在「付出跟收獲」間取得平衡。忍不住誘惑，就算用盡心思，也會徒勞，不光明，問心有愧。於是，不斷遊走在「道德操守」的邊緣，讓暗黑的心靈，污染了所有的上進心。

2. 過度挑選客戶，缺乏鍛鍊

什麼是對的客戶，不是用挑的，而是用心經營而來的。挑客戶，隨興，放縱，不費力。但要擁有客戶的愛戴，就很困難。其中就是需要一連串肯定自己的「鍛鍊」。你要先愛客戶，客戶才會愛你，這是業務上永遠的鐵律。

3.錯把烏鴉當鳳凰，浪費資源

善於「操弄」手腕的客戶，會說謊，容易使人相信；也會用各種偽裝，騙走他想要的事物。受害的你，始終弄不明白，他怎麼可以這麼窩心？所以，當你被迷惑不清醒時，好好想想你還剩下多少資源可用了？也不該讓「不當的誘騙」影響著你的未來。

4.讓客戶檔案發黃，疏離信任

要客戶相信我們，關鍵在於「穩定」的接觸和「及時」的協助。親近客戶，照顧他們，就是一種顧客關係的扶持與信賴。多數的客戶，不喜歡很快的變成舊愛；不管你有多少理由，他都不願意接受。所以，輕易「放生」客戶，等於扼殺了別人對你的信任。

5.業務跟催前緊後鬆，功虧一簣

有時候，業務不知道哪裡才是終點？所以隨意停下腳步，躊躇，不堅持。假如，業績不好，卻沒去想，我「哪裡做錯了」？不懂得反省自己，就會容易「轉移愛好」，而讓原本再努力一下，就會有成果的期待落空了。但要命的是「不止一回」。

6. 無端的等待機會，沒有計劃

都說做任何事，一定要有計劃。有計劃才知道每一步如何邁出？如何「走過去」？業務工作多如牛毛，經常進退兩難。客戶不斷製造問題中的問題，也不時變更他的決定。於是，顧客關係常陷入「你做的我不要，我要的你沒做」的困境。所以，要經常與客戶討論修正你的計劃。

7. 跌入小客戶的溫柔陷阱，耗盡熱情

學會跟客戶保持等距，是業務的一大功課。通常小客戶會用各種「糖衣」，吸走你的注意力。所以，任何會破壞你「業務自由」的控制力，都應保持距離，並要拒絕那些「不當的需求」。小客戶會用盡各種「乞求情感」手段，但你有權保有「獨立自主」。

8. 與客戶共舞，罔顧立場

通常業務會不自主的認為，犧牲一點公司立場，希望客戶能感恩回報。但事實不是百分之百這樣。天真的以為，滿足客戶的需求，是業務的生存之道。殊不知，客戶在絕對的利益思考情況下，不是你認知的「互依關係」，而是會對你進行「無情的掠奪」。

9. 一招半式闖江湖，不思進取

「沒有人可以決定你的未來，除非你不再上進」，這是一句發人深省的智慧之語。現在的商業競爭，不只是「打敗別人」的競爭，而是「自我競賽」的戰爭。也就是「今天的你要打敗昨天的你」、「明天的你，要準備迎戰今天的你」。假如你沒有自己的「知識火藥庫」，生存這件事，將比登天還難。

10. 穿著失當，放任懶散

「第一印象」，到底有多重要？現實中，「穿著」可以代表一個人的成熟度，也是一個人是否值得信任的「標誌」。其實，穿著失當的人，會用瀟灑，不拘小節來包裝「怯懦」。同時，也會讓

「放任懶散」趕走好人緣。所以，試著改變自己的穿著，重新給自己一個客觀的評價。不需糾葛，只需要一個念頭而已。想要當國王，也要披上新衣才行。

11.太多的十三號星期五，自我縱容

「認真」會帶來無窮的力量；相反的，就會讓人空虛挫折。一旦終日讓工作陷入「遲滯」、「困惑」、「失落」當中，那就是一種「自我縱容」。如果找不到「內在的力量」去克服，就無法安然立足於職場。所以，每一步的選擇，可以是「安逸」、「傷痕」，也可以是一種「奮進」的心志。

12.歇斯底里的業務更年期，焦躁難安

只要有競爭，就要看清過程中的「內涵」。大部份的業務，太在乎輸贏，但只是表面上的爭鬥而已。往往這樣的思維，讓他們沒能一路堅持，平靜，坦然面對。剛剛的承諾，找個理由，說毀就毀；前人種的樹，說砍就砍……，可惜的是讓「焦躁難安」控制

了一切該有的意志。

13. 樂當配角，畏縮不前

任何人都可以決定自己的角色。但最難的是選擇「清楚或模糊」。對於角色的選擇，必須先認識自己的弱點，同時要進行盤點與批判。有些業務員，經常讓自己的角色「遊移不定」，碰到艱難就退縮，抗拒，不配合，但這樣做，只是會讓自己更孤單而已。只要懂得站對位置，不要讓角色「進退失據」，那一切都值得期待了。

讓我們深呼吸，好好思考一下，業務上只要經歷過選擇，找答案，我們就會產生力量。而這樣的能力，將會伴隨著你一路成長，穩住重心。所以我們可以這樣做，試試看：

行動規劃表

行為	代碼	行動規劃	行為說明
建立自信	C		每天演練自己善長的事物，直到爐火純青。
操之在我			說出自己最想要的，並認真的告訴別人。
勇於負責			弄清楚我們究竟要對自己負起什麼責任？
儲備能量			建立屬於自己的「能量存摺」，不虞匱乏。
正面誠懇			演練面對困難挑戰的一句話，三個動作。
認真執著			嚴格的設定，為自己找藉口的罰則。
追求卓越			養成請教別人哪裡還有不足之處的習慣。
柔軟溫暖			承認自己的問題，並說出改善的對策。
獲得肯定			練習包容及接納別人的批評。
開拓視野			接受自己的不足，並把它當成功課來優化。
總和			

註：在每篇文章結束時，可利用行動規劃表，記錄自己是否有達成目標，首先將每種行為自行取一個易記的英文縮寫（例如表格中的示範），填在「代碼」欄位中，每當做到其中一個行為時，就在「行動規劃」欄位中記錄次數，一週結束後，在「總和」欄位中寫下做到哪些行為的代碼，並計算達成這些行為的次數總和，就可以每週檢視自己行為與成果之間的關聯程度囉！

經過不斷的反思，我們可以再來整理以下的「心智看板」，同時寫出改善自己的企劃書，並與人討論請益。當你不斷這樣做到極致時，不可思議的改變，將令你嘖嘖稱奇。

課後摘要

1. 積極培養：自信的眼神與行為。
2. 養成習慣：熱忱而誠懇的溝通。
3. 獨立思考：凡事正面而有興奮感。
4. 勇於任事：一切操之在我的態度。
5. 練就本事：儲蓄認真執著的幹勁。
6. 承擔錯誤：演進面對挫折的忍受力。
7. 變換方法：找出解決問題的思考邏輯。
8. 精煉技巧：讓客戶願意為你背書。
9.
10.
11.

（註：留空的部份，讀者可以自行補充讀後心得喔！）

表格16　運作管理檢核指標

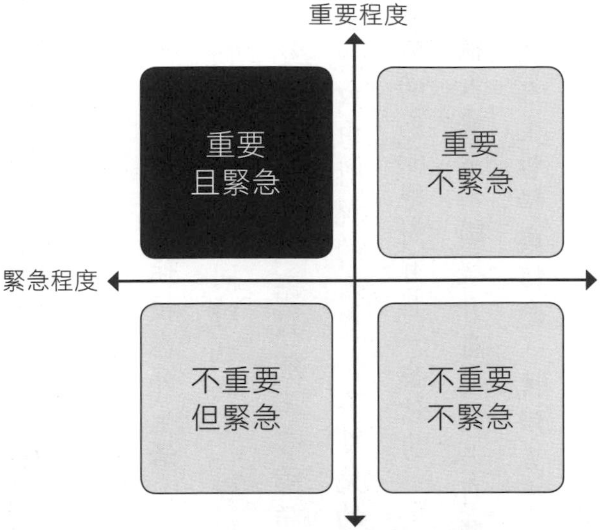

這四類事情，那一類你必須最在乎？

運作管理檢核指標

• 多做什麼？	• 少做什麼？	• 專做什麼？
• 多想什麼？	• 少做什麼？	• 培養什麼？
• 戒掉什麼？	• 鼓勵什麼？	• 懲罰什麼？

NOTE　每次行動前的九項自我檢核（具體檢視）。

第二十一課

栽培抗敗力，精煉自我制約力

高中開始，他即住校在外生活。父親交代不能每週回家，目的就是要「精煉獨立」。同時也立下「寫信報平安」，「緊急打電話」的原則。父親說：「電話只能三言兩語，寫信可以天南地北」。這些都是父親口中所說的人生「不可免的試煉」。比起父親的「顛沛流離」，他的感觸絕對有其「公信力」。

一個人要靠不斷提升自己的「自我制約力」來「出人頭地」。這是父親的人生哲學與信念。民國五十二年，因為二妹出生，他毅然戒掉抽菸，並常回答別人說：「如果我連菸都戒不掉，我還能期待什麼能成功呢？」。

當年考大學前，有一段在家三兩天的「溫書假」，父親：「去把準考證及相關物品檢查一下」。子：「前天有檢查過了，幹嘛還要檢查？」。父：「前天是前天，今天是今天，難道你這幾天吃的東西都一樣嗎？」。於是，他在聯考前總共檢查那些證件物品，少說也有十幾遍。它變成一種自然而然的制約力，深深的綁住了他的行為。往後也就變成他的行事風格，不斷檢驗「看似無恙的狀態」。

只要你想成為「有品質」的人，那就少不了要經過「自我制約」的長時間考驗淬煉：(1)為自己的人生，盡心盡力，不向命運低頭。(2)克制自己，壓抑我執，不自私薰心。(3)面臨磨難挫折，起伏不定，仍然樂觀進取。(4)勤奮的工作學習，追求成長，不求享樂。

進入職場初期，他相信「因果報應法則」。也信奉胡適：「要怎麼收穫，先那麼栽。」，「一分耕耘，一分收穫」有付出，才有所得。但就業跟考試一樣，有時順利，有時多舛。有一回，同事看他因業績沒有起色，苦惱不已，於是邀他在上班時間去「摸魚」。他猶豫許久，但也禁不住誘惑，懦弱的逃班了。

同事：「去看電影」，我：「好嗎？」同事：「天氣熱，看電影最好，而且電影院烏漆墨黑的，誰也不知道誰，這樣比較不會被發現啊」。我：「好吧！」。來到電影院，他第一次感到無法專心看電影，他不時的「東張西望」。等到放映完畢，他快步的走出戲院，騎上機車回公司。同事：「你騎那麼快幹嘛？」。我：「你慢慢騎，我還有客戶要連絡，我先回公司了」。這時候，他又想起父親對他的叮嚀和話語：

(1)任何時候都要對得起公司給你的薪水。
(2)讓公司欠你，你不要欠公司的。
(3)切記世界上沒有藥可以治懶散。
(4)沒有人願意跟一個不愛公司的員工來往。
(5)要多結交那些願意指正你缺點的同事。
(6)把主管當老師，並常常請益。
(7)心情不好時，不能離職，除非你表現優異。

(8)當表現不好時，遠離那些比你差的同事。

道理人人懂，但只有能「自我制約」的人，才能真正實踐它。那次的上班摸魚，才讓他覺醒，原來他不想對不起公司，也不想那麼「沒出息的逃避」。過幾天，同事又來揪他去打柏青哥，他斬釘截鐵的拒絕了。這時他靠自己的覺知變堅強了，突然間，他越來越像他的父親了。

有天下大雨，他到最近的圖書館去「暫時躲雨」，這次他沒有摸魚的感覺，反而覺得可以趁機閱讀。看到有篇文章介紹美國哈佛大學圖書館的二十條訓言。看完，他閉上眼睛，內心掀起一股暖流，這是多好的忠告啊！

- 此刻打盹，你將做夢；而此刻學習，你將圓夢。
- 覺得為時已晚的時候，恰恰是最早的時候。
- 學習這件事，不是缺乏時間，而是缺乏努力。

誰也不能隨隨便便成功，它來自徹底的「自我管理和毅力」。大部份的人，對於自己的眼前，其實都有覺察，但最終沒有覺醒。但最沒意義的是不想「自我反省」，卻又想靠別人拉他一把。所以，你無法依賴累積經驗致勝，而是要找出「正確的問題」所在。

1. 任何事都要付出代價。更要明白為什麼付出？得到是什麼？
2. 進入職場首要目標絕不是掙錢，而是「掙機會，掙未來」。
3. 壓力，是「檢驗韌性及潛能」的最佳方式。
4. 失敗會讓人長大，不論在哪方面都沒關係。
5. 陷入困境時不要抱怨，而要默默地「吸取教訓」重新奮起。
6. 自我制約的孤獨，是為成功及機會必須付出的代價。
7. 努力很痛苦，但是後悔更痛苦。
8. 「害怕」是人生最大的風險，「隨興」更是一場夢魘。

9.「自制力」和「抗敗力」會讓你失去青春，但不會帶走幸福。

自己的人生，通常我們會用無限的想像來設計它。如渴望成功，避免失敗，幸福安樂，飛黃騰達，貢獻社會，讓人景仰……。但對於要改變自己，卻表現的無比的脆弱。所以經常會後悔過去↓逃避現在↓奢想未來。

行動規劃表

行為	代碼	行動規劃	行為說明
付出代價	P		把以前五十分的努力，提升到八十分。
看重自己			用「傳記」寫下自己的過去及未來，80%要誠實。
自我定義			將自己的人生資產數字化，並與他人對價。
決定現在			針對最「討厭自己」的十項行為訂出戒律。
克服恐懼			聽摯友對「自我恐懼」的看法，至少參考30%。
自我省思			每月找三位朋友，針對自己的缺點給具體建議。
坦然面對			每年寫「自我鞭策」守則二十條。
認真改變			每月寫下五條「自我改變」的心得。
負責到底			用「智者觀點」，重新調整看待自己的方式。
寬恕過去			「承認錯誤」是最理想「寬恕自己」的方式。
總和			

註：在每篇文章結束時，可利用行動規劃表，記錄自己是否有達成目標，首先將每種行為自行取一個易記的英文縮寫（例如表格中的示範），填在「代碼」欄位中，每當做到其中一個行為時，就在「行動規劃」欄位中記錄次數，一週結束後，在「總和」欄位中寫下做到哪些行為的代碼，並計算達成這些行為的次數總和，就可以每週檢視自己行為與成果之間的關聯程度囉！

凡事都會經過，生澀↓熟稔↓失敗↓淬煉↓圓滿。因此，我們可以說：「職涯發展即是提升自我制約的過程」。我們常常費盡心力，想要制約他人，卻對制約自己「太過寬容」。「自相矛盾」的理由，卻信以為真；可惜的是那「清明的認知」，一再的流失。

課後摘要

1. 付出代價：將改變↓勇氣↓等待↓堅持，變成日常。
2. 看重自己：把失敗當禮物，把紀律當規則。
3. 自我定義：感受「成長的喜悅」，找出「不完美」的快樂。
4. 克服恐懼：與「榜樣為伍」，學習幽默面對失意。
5. 負責到底：犯錯不用負責，「不改善」才是可惡至極。
6. 寬恕過去：不扭曲事實，不再緬懷過往，但要「相信自己」。
7.
8.
9.

（註：留空的部份，讀者可以自行補充讀後心得喔！）

表格17　業務自我盤點問卷調查

項目	+5	+4	+3	+2	+1	0	OKR
工作投入							
建構顧客關係							
開發新客戶							
淘汰客戶							
顧客溝通							
意見聆聽							
分享知識							
感激顧客							

NOTE　在「OKR」欄位中填入每個階段的自我考核，再跟主管討論。

第二十二課

幫自己鬆綁，面對成長的缺陷

老包四十三歲離開了人人稱羨的公司。至今還經常被問到「為什麼要離開，難道不後悔嗎？」。中年轉業，也許扣人心弦，但老包卻說，「不邁出第一步，不會有第二步」。其實，老包更想對別人說，「生命有限，每個人都該為自己負責」。

來到新公司，老包以為找到「用武之地」了。但事實上，要跟周遭有著不一致觀點和信念的人在一起工作，還要短期內創造出績效來，真是難上加難啊。而馬上擺在他眼前的更是一個「燙手山芋」的考驗。跟老闆有親戚關係的一名主管，因被老包要求改變做事方法，而提出辭呈，離他到任才一個月而已。

於是，老包回到家寫了一封信給全公司同仁：「〇〇不帶一兵一卒來跟大家一齊奮鬥。做事原則從來就是對事不對人。我非常喜歡跟工作有熱情的同事相處，並會全力支持他，直到事情圓滿為止。伙伴們，你們的報酬由你們自己決定，〇〇不會剝奪你們為自己前途所做出的任何成就」。

這樣的宣示，老包以為會獲得某種程度的認同，但最後被證明只是他的「自我激勵幻覺」而已。老包雖然全身上下充滿著幹勁，討厭動作慢又愛講理由的同仁。但他實在不理解，新公司的員工，不積極工作，甚至不會思考，這些令他困擾不已，工作激情也被滅去了不少。

董事長：「股東不太贊成總仔所提的併購案，這件案子還是緩一緩」。

老包：「我來這裡一起打拼，就是希望透過併購，產生規模優勢，同時吸引廠商及人才的快速到位，若此案停擺了，我們怎麼合作下去啊……」。

董事長：「歹勢啦，總是要給股東一些時間觀察……」。

老包：「我想離開了」。丟出這句話，猶如看著大火把房屋燒掉那樣的「無助和絕望」。

老包，只在新公司待了五個月。突然間感覺自己好像被「責任感」與「無奈感」折磨得蒼老許多。更明確的講，應該是期望與現實的落差，「當頭棒喝」的失落感給催老了。外表還好，內心確實深受打擊。但他得馬上收拾心情，重新出發。必竟在人生的「逆境與無常」中，我們依然可以透過「不放棄」而獲得自我實現的。

那段等待下一個工作到來前的時間，他不斷的思索，反省，自問，找答案。於是，他總結了幾個他必須承認的不足與缺失：

(1)到新團隊的第一件事，要先找到「知音者」。

(2)任何改革，必須給成員時間去理解適應。

(3)跑得快不是那麼重要，而是要團隊跟得上。

(4)沒有人願意跟一個只講道理的主管相處很久。
(5)充分瞭解他們的困難，並陪伴他們成長。
(6)把第一線人員當老師，並常常傾聽他們的聲音。
(7)每一次都採取涓滴改善，而不是「大舉突破」。
(8)讓團隊參與一起訂出改革時期的「參與獎勵」。

有部電影叫「實習生」。是描寫一位年近七旬的退休者的工作智慧。他不想暮氣沉沉，自述說：「自己工作時，很忠誠，很可靠，並擅長處理危機」。想再次接受挑戰，也更想被人需要……。電影劇情中，他積極學習；不被動等工作；跟年輕人打成一片；幫老闆排憂解難；深諳上下相處之道……。

老包看了「實習生」兩次，對於轉職的盲點，漸能整理出一些脈絡來。他開始覺得，只要有勇氣面對自己的成長缺陷，找到不同的思考邏輯，且願意跟不同的人打交道等，即使是困難重重，仍然可以樂觀期待。

1. 悲觀者看到失敗的可能，樂觀者會看到「成功的契機」。
2. 職涯的重點不是改變場域，而是「改變認知」。
3. 好好檢視自己如何走到今天，並付出行動的。
4. 只留意自己的感受，就無法「預知未來」。
5. 失去光環不是希望幻滅，而是「自我認知」的開始。
6. 專注表現自己是「求生法則」，並非「普渡法則」。
7. 凡有成就的事很難有一蹴可及，更沒有「輕鬆辦到」的事。
8. 最難改變的行為，多半是「自以為是」和「習慣作祟」。
9. 成果，都需要時間；耐心和決心會是成功的關鍵。
10. 有能力「思考未來」，就有力量抗拒不可避免的失落。

每一個人生的關鍵時刻，其實都是決定在你的「主觀認知」。而認知的成長與改變必須經過資訊→知識→智慧的積累和淬煉。所以吸收新知，面對自我，包容異己，取人之長，是要有勇氣與正面心態的。

行動規劃表

行為	代碼	行動規劃	行為說明
看見契機	WC		找出奮鬥向上的三個理由，然後徹底相信它。
改變認知			學習新知→傾聽內在→自我對話→理解他人。
找尋自我			⑴接受現實、⑵勇敢面對、⑶天天小改、⑷樂觀看待。
學習聆聽			寫下來→講一遍→讚美它→傳出去。
自我教育			看到問題→自我責任→積極改變→協助他人。
接受考驗			三不：⑴不低估自己、⑵不逃避困難、⑶不滿足現狀。
擁抱希望			每日寫一句話「鼓勵自己」，隔天告訴三個人。
戰勝經驗			為過去的成就「默哀」三分鐘。
挑戰痛點			針對10條最沒改變的習慣，請教高人。
燃燒鬥魂			從即日起養成「永不放棄」的習慣。
總和			

註：在每篇文章結束時，可利用行動規劃表，記錄自己是否有達成目標，首先將每種行為自行取一個易記的英文縮寫（例如表格中的示範），填在「代碼」欄位中，每當做到其中一個行為時，就在「行動規劃」欄位中記錄次數，一週結束後，在「總和」欄位中寫下做到哪些行為的代碼，並計算達成這些行為的次數總和，就可以每週檢視自己行為與成果之間的關聯程度囉！

每個人都會經歷成功，也會經歷失望，挫折，及出乎意料的失敗。人之所以不同，不在於他有沒有遭遇困難，而是他如何渡過這不可避免的逆境。但最重要的是，面對自己的缺陷，你有多大的勇氣及信心。

課後摘要

1. 看見契機：把困難當「磨練」，視危機為「契機」。
2. 改變認知：放下：堅持己見，太自我、太執著。
3. 尋找自我：做自己的選擇，然後準備「承擔後果」。
4. 學習聆聽：別人說的記在「心上」，自己的放在「腦後」。
5. 戰勝經驗：注意：全力以赴，但太認真、太用力，方法不對也沒用。
6. 挑戰痛點：不要覺得「難過」，其實是自己「努力不夠」。
7. 燃燒鬥魂：如果不「嘗試」，你永遠不知道能做什麼？
8.
9.
10.

（註：留空的部份，讀者可以自行補充讀後心得喔！）

表格18　自我成長金字塔

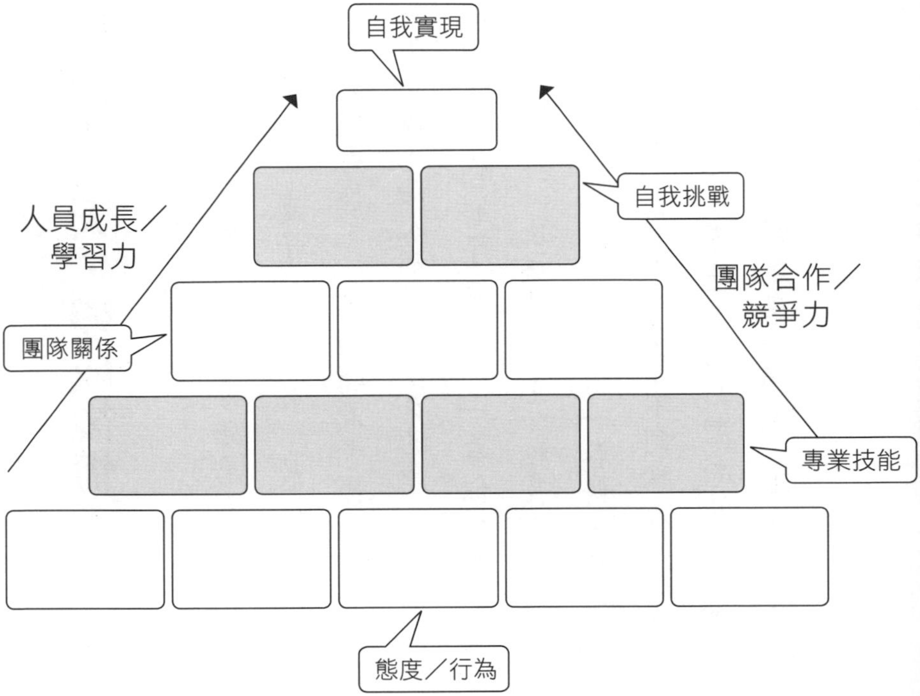

第二十三課

別把自己捧上天，變成後悔王

法蘭克離開職場後，便一再聳恿太太，離開做窗簾布進口的貿易公司出來創業。妻子反對無效，最終還是擋不住先生的「好說歹說」。說起來很奇怪，「帶頭的人會怕，跟的人卻異常敢衝」。這在他們創業半年後，兩人都始料未及的事。

剛開始，他們胼手胝足。「看似容易的事，一切都變不容易了」。法蘭克不只一次呧咕著，「校長兼撞鐘」的感受，他們算是真正親身體驗到了。凡農夫都知道「春耕，夏耘，秋收，冬藏」這個道理。但創業一年來，好像永遠等不到秋天的感覺，冬天就更遙遠了。

但生存的本能，還是讓他們漸漸的看見曙光。雖然光還是很微弱，但足以讓他們感到黑夜快過了。生意來了，他們沒有時間吃飯，逛街，看電影……，朋友都說他們賺大錢了。但他們只能尷尬苦笑、唉聲歎氣。這一切不是誰來亂的，而是自己，所以苦水只能往肚裡吞。

台灣市場很小，他們又是後來者，敵不過老字號，雖然降價獲得一些訂單，但卻利潤微薄，這是隱憂。就像台灣話說的：「做多、賺少、窮忙碌」。於是，法蘭克提議西進闖內地市場。經過考察，揪團，試水溫……接著踏進一個不可測的未來。法蘭克像是「鮭魚返鄉」但危機四伏。

在上海草創摸索兩年，法蘭克跟一些台商朋友，決定轉進北京。這是另類的「進京趕考，逐鹿中原」的態勢。到了北京，他更積極的想趁競爭者不備「佔地為王」。於是，他跑歐洲找代理，而不同於八國聯軍的「入侵」，歐洲這幾年也想「入親」中國。

生意火了，公司規模自然也變大了。法蘭克用高於兩倍的薪酬，吸引不少台灣人才來，雖也是八國聯軍，但至少安心。三年內，全國各省代理及經銷商數，超過了五百家。套句大陸用語：「至今取得了空前的勝利！」。

舊唐書有云：「禍福相倚，吉凶同域，唯人所召，安不可思。」接下來五年，不但業績停滯，且經銷商的成長與管理，一直深陷泥沼。應收帳款延遲，經銷商返利衝高，庫存飆升，人員管理及紀律不佳，費用控管更是無法有效掌控。公司好像是一部「失速列車」，越跑越危險。

有一天，法蘭克：「老師，您能不能來北京待三個月，幫我新建一個業務團隊？」老師：「可能沒有辦法，台灣已經排好課程跟輔導了。」法蘭克：「那來當顧問，順便找個人在北京執行。」老師：「可以，回台灣時，我們再詳談」。法蘭克在送傑克老師到機場時，在車上的懇求及對話，語氣充滿著焦慮跟無助。

後來發生的事令人震驚，大陸主管聯合客戶造反，活生生的把法蘭克的公司奪走。台商的悲歌又一樁，面對這突如其來的打擊，法蘭克「一夜白髮」。再見到傑克老師時，法蘭克不斷的喃喃自語，說了很多的懊悔跟無奈的話。這次再度碰面，人事已非，令人不勝唏噓。法蘭克有著千言萬語，又有何用呢？在此列出他的感想，我們有很多的借鏡之處。

(1)無論如何，分散風險是經營者的重要選項。
(2)在內地，最相信的人，可能也是最危險的人。
(3)業務權跟財務權都必需分開管轄。
(4)用制度來經營管理，切勿人治。
(5)財務領軍，將財務控管列為最高優先。
(6)加強內稽內控，交叉審核。
(7)幹部採取任期制，加強內部行政管理效能。

企業經營管理最重要的是「建立良好的企業文化」。並且經營者最大的任務是幫企業找到未來三代可信可用的人才（每代八～十年），然後專心創造讓他們成長的環境。

法蘭克的案例值得引以為戒，他的問題在於，忽略了用人最重要的是「良好的根性與操守」。

1. 「選才不是救急」，「養才不能偏執」。
2. 「信任不能放縱」，「疼惜不是溺愛」。
3. 「授權不能卸責」，「愛將不能護短」。
4. 「競爭不能惡鬥」，「同流不能合污」。
5. 「班底不是派系」，「用才不求回報」。
6. 「教導不能藏私」，「成就不可佔功」。
7. 任何成果都得來不易，切記不能「好大喜功」。
8. 經營者首重對企業及人才的「承諾和期許」。
9. 若遇到瓶頸要「虛心求教」，切勿「自命不凡」。

10. 只要有好人才，失去的江山不怕救不回。

看到一本心理諮商師寫的一段話：「對自己說謊的雜音，蒙蔽了我們的耳朵和雙眼。」當人們面對突如其來的打擊時，也許我們會後悔曾經的信任，付出，跟托付……。但事情並非你想像的那麼沒有轉折。只要你願意「反省」、「謙虛」和「改變」就會重燃希望的。

行動規劃表

行為	代碼	行動規劃	行為說明
放掉好大喜功	WC		「1/3功勞簿及2/3道歉簿」的書寫比例。
看清過去			貢獻自己→影響他人→創造成果→留下典範。
找到意義			對現狀成果，問五次「為什麼？」並寫下來。
塑造經驗			每年找三個成功典範來「深度學習」。
接受現實			列出十項自己「最脆弱」的行為，每年改掉三項。
調適自己			加強練習：豁達→從容→堅強→放下。
完全負責			反省→記錄→探討→交流→再貢獻。
看見美好			(1)不用懷疑、(2)心平氣和、(3)完成職責、(4)順生而行。
選擇簡單			四要：要釋懷、要寬容、要勇敢、要陽光。
總和			

註：在每篇文章結束時，可利用行動規劃表，記錄自己是否有達成目標，首先將每種行為自行取一個易記的英文縮寫（例如表格中的示範），填在「代碼」欄位中，每當做到其中一個行為時，就在「行動規劃」欄位中記錄次數，一週結束後，在「總和」欄位中寫下做到哪些行為的代碼，並計算達成這些行為的次數總和，就可以每週檢視自己行為與成果之間的關聯程度囉！

課後摘要

1. 看清過去：「經驗」只要站在「第三方」角度就會不一樣。
2. 找到意義：建立目的↓說明理由↓說服自己↓分享他人。
3. 塑造經驗：不逃避↓找本質↓練習做↓再精進。
4. 完全負責：說出自己的「感覺」，做到自己的「承諾」。
5. 調適自己：欣賞自己↓幫助別人↓接受事實↓勇往直前。
6. 看見美好：隨時準備↓克盡本份↓感激擁有↓回饋他人。
7. 選擇簡單：只追求單純的「價值」，放棄豐富的想法。
8.
9.
10.

（註：留空的部份，讀者可以自行補充讀後心得喔！）

第二十四課

生涯怎麼走，就靠一步的覺醒

老吳，高中讀的是「放牛班」。畢業考時，靠著「技巧」僥倖的畢業了。但有一半的同學被留級了。於是，同學相約吃了一頓「沮喪」的餞子餐。互道珍重外，留級生的悲情跟未知，不管願不願意，都會緊跟著這一群十七八歲的年青人。

老吳雖然是「畢業生」，但他比誰還想知道，如何應對即將到來的「現實與複雜」。因為家裡窮困，所以讀好書，求功名才能解決的「辛酸苦楚」，這下子飛了。最終他的任何想法，都要先經過當兵這一關。有多少天的「思考期」，就有多少的「念想」等著他。

因為體格健壯，他進了憲兵士官班。分發到澎湖，在哪裡他遇到了老同學。這是另類等待人生方向與規劃的「他鄉遇故知」。同學沒畢業，他說退伍後回家種田，他父親說：「你阿公留給我的，我都留給你，你若不種田，誰種呢？」。

退伍後，老吳說什麼也要到北部來闖一闖。因為不想待在老家放牛，也不想「人生如一頭牛」。他在想的是，不能在未來的人生道路上，只當配角或觀眾。退伍前，他就苦思要找到一份穩定的工作，先讓自己「有飯吃，有茶喝」。

他認真的參加了退輔會辦的職訓班。但雖然拿了電焊工第一名，還是只能在台大附近，在朋友店裡打工幫學生影印，或將大量編印資料送貨到府。有一天，他碰到他人生中的第一個「貴人」。一個來影印的大學教授，問他為何不去考公務人員？對於老吳來說，一個陌生人的忠告，這是何等的「饋贈」啊！

後來，他到了市政府環保局下屬單位工作。開啟了新人生，也如願的結束了兩年的「走跳生活」。這樣平穩的日子，羨煞鄉親父老，也在同學面前的風光了八年。但命運是「老天爺說了算」。他被誣告收賄，關了二十一天。這次打擊，猶如晴天霹靂。「驚慌」、「不知所措」、「耳語滿天飛」。雖然最後是清白的，但也成了「回不去」原工作的「裂痕」。而這裂痕，竟成為他「沾沾自喜的招牌故事」。

大多數我們在面臨生涯上的挫折時，泰半會「走一步算一步」。有時會被小時候大人告訴我們的話所鼓舞：「天無絕人之路」、「打斷手骨顛倒勇」等。但「對的觀念不容易戰勝情緒」。別人的異樣眼光，其實是會帶來無比的艱辛及「無可奈何」的無助。

老吳，最終秉持著「老牛犁田精神」，沒有「哀嘆」的走向創業。無論晴雨，老闆像極了警衛。天天守著處理場跟垃圾為伍。他常常一雙工地鞋穿成草鞋，所以他戲稱自己是「草鞋老闆」。他也堅信自己可以闖出一番天地，這對自己的過去及未來都要負責的中年人來說，才能「心安理得」。

選擇未來，似乎比反省過去來的得有意義。這個世界上沒有適合所有曾經跌倒的人，如何起來的唯一方式。老吳，最後用自己的方式撫育，奮進，轉折，善良，費盡苦心。他蒸蒸日上的事業，蘊涵了「無法後悔的前進」與「無師自通的智慧」，值得我們來探討與學習。

(1)站在第一線找碴：每次都問來訪的客人，看到了什麼問題。

(2)誠懇就教學習：有空盯著電視看，也順便做筆記，並伺機問他人意見。

(3)嚴肅對事，歡喜待人：過年開工，垂在地上的鞭炮，他都會管一管排好再點燃。

(4)來者不拒：別人視為營業祕密的，他幾乎都公開。

(5)隨遇而安：他常常有一句口頭禪：「頭若過，身就過，不管啥米姿勢」。

每個人面對生命的挑戰，如果願意承認錯誤，感激擁有，決心改變，那結局就有50％握在你手上了。而另外的50％不是你能左右的，因為世事多變，唯一要做的是別「太早放棄」。

老吳的人生故事，何止精彩而已。我們來解讀一下：

1. 找到想要的，然後擺脫一切的「偏見與鄙視」得到它。
2. 用別人「尊敬的觀點」，去追求希望中的未來。
3. 別讓「焦慮和藉口」堵住了重新思考自己的人生。
4. 把「怠惰」推給了不幸，比不幸還不幸。
5. 不願「面對現實」來決定的人生，注定有「缺陷症候群」。
6. 找出自己「最佳狀態」，去面對「無計可施」的未來。
7. 用「來者不拒」對待人，讓他們陪你「破繭重生」。
8. 「一心一意」的跟自己競賽，不用懼怕任何對手。

9. 用不斷的「學習成長」，突破「壞習慣」的緊追不捨。
10. 現在就下定決心，「成就」需要你幫助的人。

一路順遂的人生，我們雖然渴望，但不容易得。凡是想「平步青雲」的想望，都會遭受嚴厲的考驗。不斷被腐蝕的「正面心志」，也會逐漸消逝，直到你放棄為止。所以什麼才是你面臨磨難及不如意時，該有的行為與意志，我們先來整理一下：

行動規劃表

行為	代碼	行動規劃	行為說明
站在前線	SF		每天花1/3時間，在最前面看到事實並記錄之。
破繭重生			每年「承擔兑現」三項承諾。
擁抱過去			「重新定義」過去三項值得的事。
成就他人			每月將一項專業以「圖文並茂」傳授出去。
承認無知			問自己三個問題，當做一天的開始。
擺脱偏見			每週寫下「改善記錄簿」，並分享給三個朋友。
一心一意			寫下你要完成事情的二十個理由，然後濃縮成五個。
自我對話			自我檢視：感受到→最想做→已經做→還在想。
學會思考			學習辨別正向的觀察→驗證→歸納→行動。
顛覆自己			每次決定前，務必要通過三個「反對看法」。
總和			

註：在每篇文章結束時，可利用行動規劃表，記錄自己是否有達成目標，首先將每種行為自行取一個易記的英文縮寫（例如表格中的示範），填在「代碼」欄位中，每當做到其中一個行為時，就在「行動規劃」欄位中記錄次數，一週結束後，在「總和」欄位中寫下做到哪些行為的代碼，並計算達成這些行為的次數總和，就可以每週檢視自己行為與成果之間的關聯程度囉！

老羅斯福總統：「失敗讓人難過，但從未嘗試爭取成功，更讓人痛苦」。有人也說：「成功不在於從沒發生挫折，而在於處理挫折的能力」。

課後摘要

1. 顛覆自己：積極找尋對自己「正面好處」在哪裡。
2. 擁抱過去：「經驗累積」是對過去最好的「回饋與救贖」。
3. 自我對話：「原諒自己」的積怨，但不允許它變大。
4. 承認無知：用「正面心智」來保護「自我改進」。
5. 擺脫偏見：以「感恩的心」，樂於「接受批評」。
6. 學會思考：多層次↓多面向↓多觀點。
7.
8.
9.
10.

（註：留空的部份，讀者可以自行補充讀後心得喔！）

表格19　生涯發展自評表

自評項目	1	2	3	4	5	進/退	改善行動
適應環境能力							
重視職涯發展							
清楚自己的定位							
努力充實自己							
配合團隊運作							
保持廉能自持							
嚴格要求紀律							
有目標執行系統							
自我心態健康							

NOTE　Ⅰ此項為自評項目；Ⅱ自評者在1~5欄內打√；Ⅲ代表改善建議請具體表達。

第二十五課

自己的志願自己玩，還等什麼？

害怕承擔責任，經常如影隨形在盯著我們，但我們又離不開「責任管區」。那是一種「逃得了今天，卻逃不了明天」的人生狀態。通常別人已經忘記了，但自己卻忘不了，至少在夜深人靜的時候。

但是有一種聲音，很特別，就是愛給自己一些挑戰，但又不希望被壓垮了。這是何等的矛盾情結。未來的確很迷人，但如果你沒有吃苦的準備，又沒有「破斧沉舟」的勇氣，那就站在十字路口，等著別人幫你開路吧！

跳槽這個話題很敏感，可能一戰成名；但也可能是一場危機。所以我們相信「選擇比努力更重要」。但如何選擇才是對的？其實，十個人會一〇〇種以上的答案，你信不信？所以有人思索再三；有人輕鬆寫意；有人朝三暮四，但不可否認的，那是一場人生的賽局，無法NG重來的「期望與未知」。

傑克，十八年來只換過兩家公司。對於職場上種種經歷與考驗，難免會有「懷疑與失望」和「不安與焦慮」。所以，當他立定職涯志願後，就要有「接受當下」的準備及追求每一個階段最真實自己的胸懷。上山打獵，漁夫捕魚，農夫收成，不也是最真實的人生嗎？

傑克相信，實踐自己理想抱負的前題必須是「不屈服」於有形的報酬。而且還要秉持四大原則來奉行。(1)要有本事、(2)要有誠信、(3)要留好評、(4)要能自在。所以，選擇跳槽，它是一種「不唾棄」現狀，及「不盲從」於未來，仍要去追求的一種志願。

(1)「要有本事」

專業與敬業的「投報率」超越目前的所得，並且不斷有成長空間。同時可以在短時間，彌補需求的缺憾。能規劃，能說，能執行，並能留下中長期的知識與經驗。另外，不能有太多的失敗。因為非戰之罪，也是一種罪。

(2)「要有誠信」

「說到做到」的言行舉止，沒有浮誇，沒有揑造，但可以有企圖心的自信。不因環境局勢擺弄，而會改變的一種根性，歷久不衰。當處境「意氣風發」時，「誠信」可以守住城池；當環境「寸步難行」時，「誠信」提供了可靠的出路。

(3)「要留好評」

看似「多此一舉」，其實一言一行都被「精挑細選」；看似「一絲不苟」，其實「一進一退」都能「自我實現」。所以當自己的樣子，受到質疑時，就是好好「窺探自己」的理念時候。「留下好評」，是一種「心靈能力」，它絕對可以克服轉職時會面臨的「兩面不是人」的憂患。

(4)「要能自在」

「稱職比職稱重要」。能讓夢想與願望實現的才是真正的「資產」。而生命的面向裡，更應該有著你的「初衷與堅持」。因此，無論你身在何處，找到自己的定位比什麼還重要。所以，不能直挺挺走進來，卻彎著腰走出去。這一切得事先「講清楚，說明白」，不容得一點含糊。

換身份很容易，但改習慣很困難。當年傑克轉戰新職時，遭遇了人為的抗拒與突襲，確實難以招架。於是，他對著所有主管說：「我不帶一兵一卒來跟你們打拼，我沒有退路，你們會退嗎？」。場面頓時尷尬，但也徹底把所有人「逼上梁山」，尤其是傑克自己。

轉職者，有時像是出嫁的女兒，到了新家，不管幸不幸福，已經跟娘家沒有關係了。一切的風風雨雨，只會變成大家的閒話家常。

面對無法預測的將來，你要的人生志願要如何完成呢？我們可以來聽聽別人的心得，或許可以提供我們不同的思考角度。

1. 在職場上的「不忠誠」，是轉職跳槽的頭號殺手。
2. 轉職者，要先學會「期望管理」，再談夢幻清單。
3. 「付出努力很少能馬上取得成果」，你想清楚了嗎。
4. 「識己」比識伯樂重要；「志氣」也比志願務實可貴。
5. 「維持自信」與「認識侷限」，再再考驗著有志者。
6. 「抱負與機遇」帶來期望，但也會帶來失望。
7. 「智慧或愚昧」，不是自信就可以決定的。
8. 不能因「鄙視現狀」，而去「捏造空洞的未來」。
9. 過度自信不是錯誤，而是無可救藥的「性格缺陷」。

10. 把事情都「做到極致」後，再來調整自己的選擇。

新世界充滿嚴峻的挑戰，我們沒有一刻鬆懈的本錢。無論如何，都請為自己加油助陣，但也要拉高標準，努力奮鬥下去。放棄很容易，心卻很難安；逃避沒有盡頭，奮鬥才有光明。

行動規劃表

行為	代碼	行動規劃	行為說明
要有本事	HS		每年設定三項「肯定自己」的指標，全力以赴。
要有誠信			列出自己的十大「誠信守則」，並讓人監督你。
要有好評			即日起把分享「知識與權力」列為可跳槽指標。
要能自在			寫下能讓自己「隨心所欲」的願望清單，逐一實現。
跳槽品德			本持：「老東家好，你才會好」的理念跳槽。
自我革命			列出十項「討厭自己」的事項，逐一改善。
備好戰袍			把知識學習目標，「視覺化」及「品牌化」。
創造權威			找出對群眾「有貢獻」的十條行動方案。
慶幸走過			列出「自我超越」的教戰手則。
刻意成長			從接納自我→信任他人→貢獻他人。
總和			

註：在每篇文章結束時，可利用行動規劃表，記錄自己是否有達成目標，首先將每種行為自行取一個易記的英文縮寫（例如表格中的示範），填在「代碼」欄位中，每當做到其中一個行為時，就在「行動規劃」欄位中記錄次數，一週結束後，在「總和」欄位中寫下做到哪些行為的代碼，並計算達成這些行為的次數總和，就可以每週檢視自己行為與成果之間的關聯程度囉！

古時候，文人多以考取功名為志，但一旦官場失寵，便被貶抑邊疆，終老異鄉。現代人可以自由選擇所好，但也不一定順心如意。古與今，順與不順？怎麼看待都各有不同。累積專業的「積極心」，和開放心態的「順服心」則是兩大不算簡單的難題。

課後摘要

1. 要有本事：奉行以「上駟對下駟」為行事原則。
2. 要有好評：只有自己才能「維護及創造」自己的聲譽。
3. 要能自在：不要漠視自己內在「滿足渴望」的聲音。
4. 自我革命：懂得「失敗的自己」，才能找到成功的自己。
5. 備好戰袍：把「改變自己」變成「主動積極」的本能。
6. 創造權威：用自己的「使命宣言」展現影響力。
7. 刻意成長：以終為始→以古鑑今→以慢制快。
8.
9.
10.

（註：留空的部份，讀者可以自行補充讀後心得喔！）

表格20　工作成長表

月份	優良／進步	待改善	行動方案	簽認
一				
二				
三				
四				
五				
六				
七				
八				
九				
十				
十一				
十二				

NOTE

每個人都有一個檔案，由主管建立。在「優良／進步」欄位中填入自述與主管的意見。「待改善」欄位中則填入改進事項。「行動方案」欄位中填入採取的行動。最後在「簽認」欄位中簽名，此份文件交由主管管理。

表格21　自我改善工作清單（量／月）

改善指標	日	週	月	備註

NOTE

1. 將待改善的事項指標化後填入「改善指標」。
2. 「日」、「週」、「月」欄位中則填入行動的數量。

第二十六課

進對公司，跟對老闆

剛要退伍的小曾，喜歡在紙上寫下他想到的事物。在台中谷關等待退伍的日子越靠近，他的隨想筆記就越豐富。甚至寫了退伍那一天最想吃的東西，洋洋灑灑就有十幾項。魯肉飯、扁食湯、牛肉麵、水餃、蛋炒飯……等。

那天早上，副營長請他同桌吃早餐，順便把退伍令交給他。第一次在早餐就談起未來的夢想，不但新鮮，也很「肆無忌憚」。副營長對他說，「進對公司，跟對老闆」很重要。這是一次，「見到希望↓點出問題↓找到關鍵」的談話。也許副營長經常對退伍兵這樣說，但也可能是他個人的「特別體會」。

他問副營長，沒經驗的大學畢業生，「要如何進對公司？」，若

「公司對，老闆不對怎麼辦？」。這回，副營長多喝了兩口豆漿，緩緩的說了一句，「只要你夠強，自然就會有對的公司來找你，不必擔心」。接著又說，「如果公司對了，老闆自然就對了」。他想追問，但說不出「所以然來」。告別營區，那一刻五味雜陳，令人難忘。

從谷關營區搭車往台中，一路天朗氣清。伴著彎曲顛簸的山路，他不停的寫下自己的「未來清單」。此刻，好像回到大學聯考時的感覺，無比興奮，緊張，扣人心弦。

他想到的有：

- 找到老同學聚聚聊聊
- 回家跟爸爸拿錢買機車
- 到台中公園逛逛，大塊朵頤
- 七天找到工作
- 台北，台中，高雄，三選一
- 不要計較薪水
- 一份工作至少要做兩年
- 還要去學校修點課
- 要訂閱兩份報紙或刊物
- 一個月聽三場演講
- 一個月讀兩本書
- 買兩套上班穿的襯衫

• 誠信正直的工作

• 不要縱情玩樂

……………

「兌現承諾」，每個人的標準不同，在意程度也不同。他聽過一個朋友的父親，每次他有所求，都「必須先完成什麼，才能得到請求」。對於自己的追求，我們必須相信絕對「做得到」，需要的只是一個計畫而已。但計畫只要看似容易，卻往往不容易成功。這就是「知易行難」的道理所在。

第十三天他終於找到一家視聽器材公司的企劃工作。有一天，總經理找他喝綠豆湯，並跟他說：「總經理是做業務出身的，我看你很有潛力，要不要轉到業務試試看？」。曾：「為什麼看得出來我有做業務的潛力？」。總：「因為你常面帶微笑，親和，性格友善」。曾：「我怎麼不知道我有這些特質？」總：「總經理很會看人，相信我」。

最後小曾還是拒絕了。他想起副營長的話，「要進對公司，跟對老闆」。晚上回到宿舍，他寫下對的公司的五個條件：(1)能讓員工看到五年以上的職涯發展、(2)公司重視員工成長規劃、(3)強調績效論，非年資論、(4)重視員工的品格教育、(5)正派經營，有口碑。

「當你工作很順遂時，你還會想到什麼？」，反過來亦然。這是他聽一場演講，最有所感的一句話。在這家公司快兩年，他轉到業務後，在十幾位業務當中，名列公司前茅。他開始感到滿足了，慢慢的有些誘惑來了……碰到標案，有同行來搓湯圓，很多採購都要求給回扣。他警覺哪裡不對了？也會開始在想，「是我很強，還是對手弱？」，這也是何去何從的問題。

他跳槽了，一家科技公司，也是影響他一生的「對的公司」。公司制度透明，又徹底執行。高層主管優秀敬業，並可預見未來五～十年的發展前景。同儕聰明務實，同業非常看好。他慶幸自己的選擇，不怕放棄「舒適圈」跳進「成長圈」的掙扎。他又拿起筆，寫下了轉職的心情與心得。

1. 在哪裡自己決定，但不要後悔，只可以「邊走邊自強」。
2. 一定的成果，都會帶來一定的困難。
3. 成長非「一蹴可及」，但沒想像中的「遙不可及」
4. 如果不懷念過去，你才會「認真看未來」。
5. 開始很容易，但知道「為何而戰」卻是漫長的考驗。
6. 每次的選擇，都要用「孤注一擲」的心態護衛自己。
7. 花時間改善自己，但不要花時間「保留實力」。
8. 立下你的「志氣與承諾」，是貢獻團隊的無窮力量。
9. 轉職後，你必須放下↓接受↓面對↓克服↓向前看。
10. 當你覺得沒有問題時，就是最大的問題。

我們會懷疑自己的選擇，也會慶幸自己的選擇。這中間80%都會被當時的情緒所影響，而不是真正的「理性判斷」。所以，在職場的工作者，都應該備好一張「工作成長表」來檢視自己每一階段的成果。至於檢測的指標有哪些呢？以下是一些建議：

行動規劃表

行為	代碼	行動規劃	行為說明
檢討過去	RP		透過行動紀錄，每月「刪除三項」沒有成果的行動。
策勵未來			重新規劃三年的「成長計畫」，並「說到做到」。
改善現狀			增加早晚各十五分鐘的「績效落差」戰力會議。
充實自己			每天寫下「閱讀心得三百字」「行動方案五十字」。
克服困難			重新制定新的十項「自我挑戰」工作守則。
勇於嘗試			每年到別的部門工作一星期。並提出改善建議。
專注焦點			觀察→思考→驗證→聚焦→細拆→扼要→持穩。
不屈不撓			每一個計畫，要進行到50%才驗證是否做下去。
支援團隊			50%貢獻給團隊，25%給自己，25%在學習。
相信自己			每年要求「競爭力資產負債表」淨成長10%。
總和			

註：在每篇文章結束時，可利用行動規劃表，記錄自己是否有達成目標，首先將每種行為自行取一個易記的英文縮寫（例如表格中的示範），填在「代碼」欄位中，每當做到其中一個行為時，就在「行動規劃」欄位中記錄次數，一週結束後，在「總和」欄位中寫下做到哪些行為的代碼，並計算達成這些行為的次數總和，就可以每週檢視自己行為與成果之間的關聯程度囉！

我們如何看待自己，比別人如何看我們來的重要。世界上難有「十全十美」的公司與工作。當我們渴望進對公司，跟對老闆」的同時，企業同樣更希望找到「對的人」。至於自己是不是那個對的人，只有自己最清楚了。

課後摘要

1. 檢討過去：用「最佳典範」考核自己；以「讓人信任」勉勵自己。
2. 策勵未來：以「自我期許」連結「理想抱負」。
3. 改善現狀：擺脫個人好惡，勇於採取「果斷行動」。
4. 充實自己：全心投入工作及學習，並「追蹤成效」。
5. 克服困難：徹底「盤點自己」，「不計代價」改善它。
6. 勇於嘗試：忽視「改變現狀」等於「斬斷未來」。
7.
8.
9.

（註：留空的部份，讀者可以自行補充讀後心得喔！）

表格22　職涯規劃運作圖

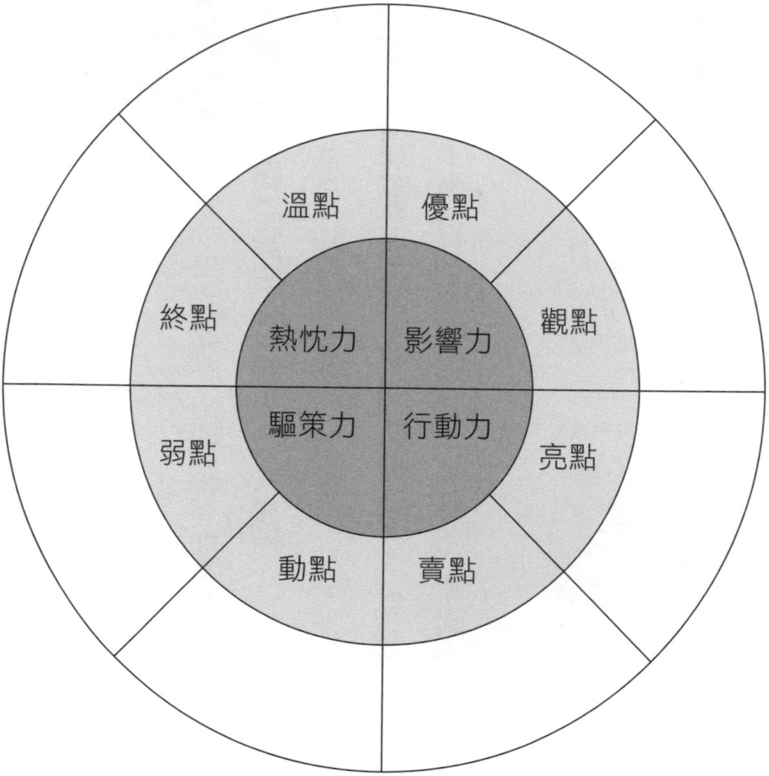

NOTE
1.在空白欄位中填入3～6個月的行動項目（自我盤點）。
2.持續做3～5年。

第二十七課

學學希爾頓，讓夢想刻在手心上

偉大的夢想，到底是什麼東西？它不是空想，是可及的。最大的關鍵是，要有熱誠，專注，渴望做為後盾，讓人會「上癮」的念想。眾人皆知，「水深的地方，才能釣大魚」。傑克第二次去大陸工作，再背起「試探的行囊」準備放下大船，重新啟航。這是一種不想被打敗的情操，亙古不變。

但現實中最大的挑戰，不是拿著地圖找北方，而是我們手中的地圖對不對？面對不確定的未來，「換心」比「換境」更重要。人人有夢想，但能拋棄包袱與框架者，微乎其微。原因在於過去的那個自我認知的「成功經驗」，尚有存糧，無懼斷炊。既然如此，何必求新求變呢。即使想變，我們能「自我超越」嗎？

而活生生擺在眼前的是，如何平衡「想要成功，又害怕失敗」的天秤兩端？有時，你有多大的能耐，就會承擔多大的責任跟成敗，容不得你退卻與謙讓。就如傑克，來到東莞，不一樣的產業，全新的挑戰，不一樣的企業價值觀。

有一部大陸戲劇「闖關東」，演譯了所有移民的堅毅與悲壯。他們每天面臨的是，一連串的打擊與無助，但他們不能懷疑，「拼搏會有無限的可能」。只要增加一點積極的信念，就會看到不一樣的明天。

傑克，就像闖關東的移民一樣，凡事從新開始，但不能走太慢，或停止下來。每天早上，遠遠的運砂船聲音會吵醒他。穿過小村莊的小巷，才能到達台幹餐廳。煮飯的阿姨，準備著荷包蛋，新鮮果汁，稀飯和麵條……。這是異鄉人的台味早餐，親切不寒酸。傑克雖然不是自己創業，但必須為這家老廠開創新局，由代工走向「品牌」，荊棘滿佈，困難重重。

於是，接踵而至的是在「意外和急迫」中不斷的周旋。健康器材新事業，傑克的規劃藍圖是，代理經銷↓代工貼牌↓擘建通路↓開店。一步也不能少，每一步都艱辛，每一步都要算的精。想策略↓找人才↓建組織↓置系統，可謂「運籌帷幄，如臨深淵」。這是一場相信自己或相信上天的交戰，不只是刻骨銘心，而是一種堅忍的選擇。

有次到東莞市區找店面，一家照相複印店要頂讓。於是撥通電話問問……。電話裡男子快嗓門又大聲，直說要八萬頂讓費，店裡設備可廉賣。傑克，心生一計約對方見面，不但要租店面，還要找尋事業伙伴，沒想到，對方竟然說可以聊看看。

因為對方是二房東，本身也想創業當老闆，所以才會與友人合開複印店。所以他的初衷在於「當老闆」，而拿著頂讓費走人，並非他的首選。傑克，由此推斷，若能再燃起其創業希望，雙方可以合作開店。這樣傑克就可以免費頂下這家店，而頂讓費變成投資金，原來的電器設備又可就地使用，這不是「兩全其美」，什麼才是兩全其美呢？

話雖如此，但公司老闆卻有不同意見。他認為區區八萬元，何必找股東合作？傑克用三句話，說服了老闆。(1)降低開業成本及費用、(2)引進新投資者在地資源、(3)節省開業前置作業。這點像極了三國時代諸葛亮的「草船借箭」。利用人的「趨利性」，將別人的資源「無償」的借用過來。

關鍵的決策思考在於四大考驗：(1)細拆眼前利益、(2)不是二選一、(3)善用反對邏輯、(4)不能沒有商機。通常我們會有即閃即逝的「意識流」，但不容易有立即變現的「思考」。我們會在乎別人的眼光與意見，但缺乏足夠企圖心的「獨立思考」。所以很多時候，只有一套劇本，或者只會照著別人的劇本走。

一個合作，不只基於利益，更需要理念相近，核心價值觀相同，才值得信賴。你真正想要的東西，也不會因為一時的困難與挑戰而放棄。就像兒童找糖吃；年輕渴望愛情般的意志堅定。

此時，到底要有什麼樣的精實信念呢？我們來思索一番：

1. 有「值得信賴」的未來，才有「勢在必行」的今天。
2. 接受對立意見的「觀點」，才有吸引大家的「亮點」。
3. 回歸人性本質，找人合作，必須給人「觸手可及」的希望。
4. 合作始於「共同利益」，終於「讓利的視野」。
5. 合作不順，稍作讓步，要結束也要「乾淨利落」。
6. 想辦法把「敵手變對手」；把對手變成「左右手」。
7. 任何成果，只拿3／4，剩下的1／4，當贈品送給伙伴。
8. 把握現實，正確判斷，以「正直經營」取得成功。

9. 果斷力行「一筆資金，兩頭贏利」的原則。

10. 在「天高任鳥飛，地闊野無疆」裡，相信「德不孤，必有鄰」。

執著與熱情，常常會被愚弄成豐美的果實。理想與創意，也常常會如煙火般的絢麗。但現實的考驗，往往不容易對付，也可能「叫好不叫座」。但無論如何，我們總要不斷的找出路，努力的掌握人生的「支配權」。

行動規劃表

行為	代碼	行動規劃	行為說明
勢在必行	I		除了「謀生」以外，寫下你最想做的三件事。
接受反對			告訴別人，你會開放溝通的條件是什麼。
營造希望			行為模式：參與→分享→自律→共贏。
讓利視野			把利益分成四份：收入、投資、分潤、備用。
乾淨利落			追求三年後的「真實價值」，其餘不爭。
尊敬對手			荷槍實彈，先驗證對方的「邏輯思維」。
感激伙伴			事先「投射希望」，事後讓人擁抱「存在感」。
正直經營			三分鐘畫出一張可以做十年的「理想地圖」。
果斷力行			用10%時間做決定，用90%心力來執行。
打開心結			整合「在意關鍵」，讓各自保有50%的「自主性」。
總和			

註：在每篇文章結束時，可利用行動規劃表，記錄自己是否有達成目標，首先將每種行為自行取一個易記的英文縮寫（例如表格中的示範），填在「代碼」欄位中，每當做到其中一個行為時，就在「行動規劃」欄位中記錄次數，一週結束後，在「總和」欄位中寫下做到哪些行為的代碼，並計算達成這些行為的次數總和，就可以每週檢視自己行為與成果之間的關聯程度囉！

現在，相信有很多「不以為然」的聲音，會圍繞在你我的生活周遭。但也會有善意的鼓勵，不斷製造短暫的希望。所以，我們要什麼樣的理想圈，就要有什麼樣的熱情，引擎和技能，缺一不可。

課後摘要

1. 接受反對：知道如何「塑造理想」，便能擁抱反對。
2. 尊敬對手：「厚植實力」，才能與對手同場競技。
3. 讓利視野：把小羊變肥羊，讓別人獲得肥羊的好處。
4. 乾淨利落：拿走「付出代價」的東西，才是天經地義的。
5. 感激伙伴：熟練「鼓舞士氣」，用50％時間「激勵」別人。
6. 果斷力行：革除「一心多用」，遠離「前後矛盾」。
7.
8.
9.

（註：留空的部份，讀者可以自行補充讀後心得喔！）

第二十八課

飛上天空找點子，擺平爛攤子

傑克，四十五歲踏出國門到中國大陸任職，晚了些，但也不算太晚。重點是「狠下決心」跟「患得患失」要如何抉擇呢？其實，任何年齡，身心的「健康度」及行事的「積極力」是必須的。也就是，「錘鍊本領↓跳脫舒適↓告別平庸」的考驗。

二〇〇四年，大陸各項建設與經濟發展，正「如火如荼」、「風生水起」的開展。當傑克面對這一切陌生時，他總是提醒自己，「人心很複雜，情意很難辨」。於是，他讀了幾本台商的書，想讀到如何在大陸工作生存下去？他很快的有了一個清楚的認知，「就是凡事要認為有問題，然後要去證明它沒問題」。

車水馬龍，人聲鼎沸，是傑克每次到深圳市區巡店時，感受到的

「繁榮」。但也開始體會出，要在這裡闖出名堂「談何容易？」。當地的台灣朋友，聚會時經常告訴他，這裡唯一可以相信的是，「人是真的，其餘都是假的」；又說，「錯誤不是難免，而是必然」。說也奇怪，這些誇張的言語，竟然在日後一一被證實了80%。

到了陌生的地方，傑克總愛到處逛逛，佇足觀察，商家攀談，記錄疑問，拿些資料……再找人解答問個清楚，這是多年來他養成的「即看即知」的工作習慣。假日，他也經常從羅孚搭電聯車去香港，逛電器電子街，買東西、吃美食。主要是想學習香港商家在店面擺設、類品選擇，行銷宣傳上的Know-How。

有一次他在香港旺角的麥當勞吃東西，發現「套餐式」的燈箱特別顯眼。大部份的消費者，都會選擇簡單又省錢的套餐，而不會花時間單點自己想吃的東西。更甚的是，自己點的東西，不見得美味；而好吃的，其實套餐上都有了。

這個跨界靈感，被傑克復刻在深圳的數位量販店中。從數位套餐設計，行銷物品，燈箱製作，員工制服等……像極了麥當勞，也像極了美式速食店面。後來，這樣的新型態的店面設計改良，吸引了深圳招商銀行，日本索尼、韓國三星等大廠的注意。紛紛來找傑克的公司合作。傑克也順勢成立「麥當勞研究小組」，全力打造「數位麥當勞」。

首先，招商銀行來合作。傑克就推出「五〇〇元電腦帶回家，再送五〇〇元抵用券」。沒想到，DIY組裝電腦業績，一飛沖天，成長將近五倍多。過去DIY市場，是由店員推薦→客戶挑選→排隊組裝→送貨到府模式。組裝過程常發生相容性問題；又要送貨到府，延伸諸多連繫客戶、裝配環境、專業認知等問題，所以，銷售停滯，糾紛頻仍。

「聯想力」，有如脫韁野馬，業務員出身的傑克，特別愛這種「任意揮灑」點子的快樂。有天傑克在深圳一家西餐廳，看到餐紙有簡單的餐廳行銷廣告，於是馬上找到店長洽談可否讓他的數位量販店廣告，也一起聯合行銷？這一創意點子，又讓他的店的來客數成長了23%，成交率增加14%，但最後是由登廣告的原廠買單。這就是馬雲所說的，「羊毛出在狗身上，由豬買單」，只是傑克早就比馬雲先做了。

所以，一個出色的業務員，要讀三類很重要的書：⑴心理學、⑵行銷學、⑶問題分析及解決。想出點子不是「根性問題」，而是「慣性問題」。讀了這類的書籍，就是「孵豆芽」的基本功。身為業務人，點子不是「實不實際」的問題，而是你擁有多少「點子庫存」，及是否有計劃地「選擇點子」來執行。

那為什麼要有一連串的「創意發想」呢？答案是，要對自己的認知，感受和想法找出一切改變的力量。工作中若陷入掙扎浮沉時，其實是找出路的最佳時機。為什麼需要有點子，是為了進行「思想整合」。這是超越專業的一種工作能力，工作越久越需要它。

1. 隨時記錄點子，由你的「夢想」開始，躺在床上也不例外。
2. 在你還沒有具體想發之前，千萬別讓「創意題材」溜走。
3. 用最容易實踐的方法記下浮漂的點子，無論如何都不要停止。
4. 人生沒有白費的事，好的點子通常都不在你的「習慣領域」。
5. 模仿別人，最高原則就是你自己「要喜歡」。
6. 會讀書，就會寫作，用吸收→回憶→聯想→整理，來創造點子。
7. 若不是你的點子主宰別人，就是別人用點子主宰你。
8. 在沒有任何點子之前，人往往不知道如何改變現狀？
9. 從今天起，把自己變成「能想出什麼樣點子的人」。
10. 先從「重量不重質」的原則，開始奇幻的「點子之旅」。

我們不是愛迪生，但我們可以學習「福爾摩斯」，不斷練習對現狀提問發想，只要一小時，你絕對會有上百種想法，於是點子就會來包圍你的工作。如果，我們每次都用1％選出點子來進行工作，相信離自己「掌握命運」就不遠了。

行動規劃表

行為	代碼	行動規劃	行為說明
找出盲點	F		每次要推翻之前的做法，至少1/10。
反求諸己			列出自己最容易妥協的事情三十項。
不屈不撓			為靈魂找出路，定出十年後的目標。
凡事可成			努力實踐「去年」你想要做的事，一半也可以。
遠離藉口			寫下三個藉口，然後立下「軍令狀」改善。
點由心生			從「不可以」，變成「可以」的點子在哪。
分享點子			找到十個反對者，然後說服他們。
保有赤心			每天留三十分鐘，讓自己獨享「平和與從容」。
總和			

註：在每篇文章結束時，可利用行動規劃表，記錄自己是否有達成目標，首先將每種行為自行取一個易記的英文縮寫（例如表格中的示範），填在「代碼」欄位中，每當做到其中一個行為時，就在「行動規劃」欄位中記錄次數，一週結束後，在「總和」欄位中寫下做到哪些行為的代碼，並計算達成這些行為的次數總和，就可以每週檢視自己行為與成果之間的關聯程度囉！

工作的美好，不只是成就與收穫，而是「收成之前的奮鬥」。只要你不放棄創意點子，便能在等待成功的漫長道路上，享受不斷有新點子的「自得其樂」。

課後摘要

1. 找出盲點：把門關上，跟自己來場「閉門獨處，探索驚喜」。
2. 遠離藉口：越優秀的人，越會為自己找「有盲點」的機會。
3. 凡事可成：有2%的人會在金字塔頂端享受「自我實現」。
4. 點由心生：當你時時專注，常常思考，點子也會「悄然發力」。
5. 分享點子：習慣分享點子是「自我灌溉」，也是「救濟眾生」。
6. 保有赤心：經歷成長、波瀾，但最有價值的是「單純的渴望」。
7.
8.
9.

（註：留空的部份，讀者可以自行補充讀後心得喔！）

表格23　銷售成功與衡量九大循環

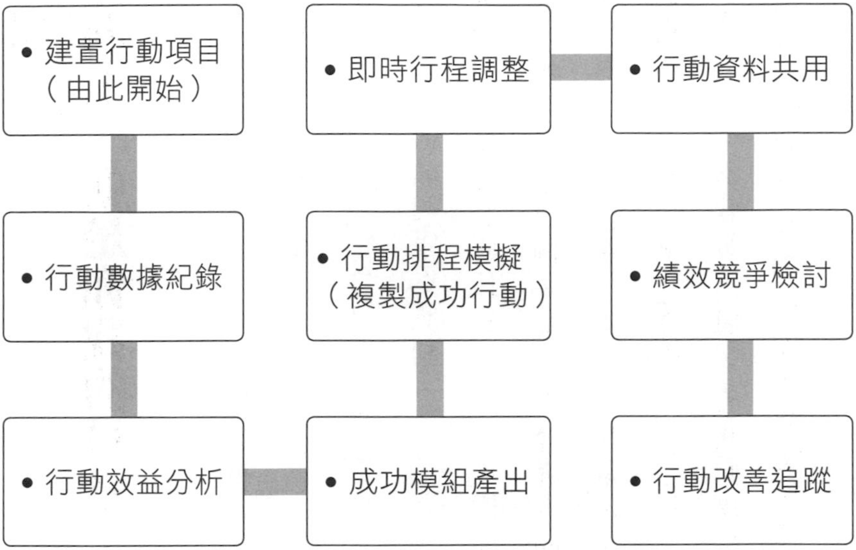

NOTE　目標設定→九大循環→績效檢討及改善。

第二十九課

積極向上，就是你我的日常

興高采烈的小洪，從外頭衝回辦公室，還沒到主管的房間，已經笑容滿面了。那是一種止不住的喜悅，和令人羨慕的希望。他大聲的對主管說：「〇〇〇公司準備要進3C產品了」。同時也「不由自主」地希望外面的同事也聽到。

當一個人把自己的KPI從「目標達成」變為「自我挑戰」時，本身就已經決定了一個「工作經營者」的價值了。所以，一個會跟自己的未來對話的工作者，正是「精采人生的創造者」。這是一個求新求變的世代，也是一個「革心」的年代。

事情之所以不容易，通常是我們無法「告別複雜，回歸簡單」。「一個人把時間花在哪裡，成就就會在那裡」。小洪費盡了九牛二虎；而他奉行的，就是永遠站在顧客的立場去思考問題。譬如：(1)客戶的壓力來自什麼？(2)客戶想要的為何常常在變？(3)客戶的感受為什麼你沒感受到？(4)我要用什麼方式回應不同客戶的需求……。這些，最寶貴的是，他在「幫助客戶」，而不是「壯大自己」。

一個卓越的業務員懂得用心去經營客戶時，會有「飛輪效應」的產出。小洪的成功心法是，專注顧客服務↓幫顧客規劃未來↓制定新競爭規則↓聚焦有效的行動↓卓越的業務績效。這樣的不斷轉換，就成了「吸引客戶」的強大動能與優勢。

幫客戶看到未來的發展趨勢的經營，小洪雖然還很生澀，但就與眾不同。最後他順利的將耗材引進便利商店。他的行動包括，神秘客調查，店員困擾諮商，消費者愛好收集，市場新知匯整，吸引原廠投入……等。他常向同事說，他是「業務建築師」，也是店內「陳列師」。

第一個月，便利商店的耗材業績，只達成50％，廠商要付款時，找來小洪跟他的主管商量，要求全面退貨。主管同意對方先開出分期支票，等於按每月銷量付款，便利商店的財務也同意了。這也是站在客戶立場的思考，小洪也不會因被退貨而失掉業績。

所以，小洪的日常工作就是幫客戶找到「活路生機」，並協助「掃除路障」。但最重要的是自己的五大管理：目標管理→任務管理→時效管理→專案管理→績效管理。

於是，每個月最重要的是，決定目標及執行的優先順序，然後不斷去建構一套執行系統。

就像一本暢銷書「原子習慣」所強調的，「細微的改變，就能帶來巨大的成就」。它不但是一本告訴我們，「輸家有目標，贏家有系統」的書，還是一套「養愛好，不如養習慣」的好書。小洪有時候會告訴同事，「把自己逼得很辛苦，不如會累積好習慣」。

這是一個充滿自我挑戰，並且要隨時轉移陣地，開創新局的年代。所以，若不付出「拓荒者精神」拚搏，就很容易在市場「洗牌效應」之下陣亡。於是小洪為自己訂出三項經營戰略，就是到「新戰場打新戰」的業務邏輯：

(1)協助客戶在產品、商模、流程三方面規劃與建議。

(2)計劃性提供營運數字及消費氣候指標的趨勢報告。

(3)定期回饋消費者指定度及滿意度改善意見。

主管常說，「如果你做的事情跟80%的人一樣的話，那成功的機率就低於20%」。

所以，誰能縮短與客戶在導購，體驗、試用、快速取貨、維修等，誰就能顛覆傳統，開創新局。在便利商店賣3C耗材，等於揭開消費者夜間使用的「神秘面紗」。經營上「銷量與用量的去化比」，在二十四小時營業的便利商店，可以即時獲得。等於是像去買杯咖啡一樣便利自然。

主管說：「所有事務的第一次，我們都應珍惜它」。

小洪回主管：「老闆你還有什麼任務，可以交給我啊！」。

主管：「我說了，你做得到嗎？」。

小洪：「交給放心的人，您可以年輕幾歲啊！」。

小洪：「我會為了得到寶貴的經驗，而去做我原本不善長的事」。

小洪：「小時候，我常把家裡的電器拆解，但即使裝不回去，我還是樂此不疲」。

在鄉下有位賣烤香腸的老先生，他總是可以在「隨意取勝，故意失手」間操控自如。年紀小，看不懂原因出在哪裡？終於有一天有位常來光顧的中年人打敗了他。大家好奇的問：「你是怎麼打敗他的？」他淡淡的說，「就是跟馬戲團一樣，練到出神入化囉！」這個啟示告訴我們，凡事練到「爐火純青」方有可為。

分享心得，各有所悟：

1.「經營成就感」不是「想不想」的問題，而是「要不要」的問題。

2.突破現狀，你需要的是一個「足夠的渴望」。

3.「往前看」你可以「義無反顧」，「往後看」反而「躊躇滿志」。

4.「有系統」去完成夢想，應該適用於每個人的「人生賽局」。

5.完成你心中那個「榜樣的你」，你必須相信「蝴蝶效應」。

6.開始走不一樣的路是「新奇」，但能夠走多遠才是「奇蹟」。

7.新商業模式的「自我實驗場」，你準備好了嗎？

8. 用「生態系統」經營客戶，是業務的決勝關鍵。
9. 用「情感連結」去滿足客戶「未被滿足的渴望」。
10. 反覆經歷挫折、犧牲、割捨，再接下來就是「等候」。

拆解自己的行為的盲點很困難，因為我們會「偏食」會找藉口。但是，當你身上滿是缺陷時，就很難成就事業。所以，業務的「七項功課」，值得我們好好深思學習：

行動規劃表

行為	代碼	行動規劃	行為說明
練養德行	PV		學習「德行教育」，嚴格評鑑「人格操守」。
練養專業			每年精進一項專業（證照）。
練養信用			每年請二十位友人對你做「信用評比」。
練養廉能			列出十項「廉潔守則」並分享出去。
練養身體			簡約→少欲→運動→情緒穩定。
練養威信			思考→創新→溝通理想→嚴守紀律。
練養人望			合群→奉獻→承擔→歸功他人。
自我實驗			親臨現場→過濾資訊→分段實做。
積極向上			自我評價→捨棄偏見→熱烈投入→持續改善
生態建造			每次都建造至少五項生態資源。
總和			

註：在每篇文章結束時，可利用行動規劃表，記錄自己是否有達成目標，首先將每種行為自行取一個易記的英文縮寫（例如表格中的示範），填在「代碼」欄位中，每當做到其中一個行為時，就在「行動規劃」欄位中記錄次數，一週結束後，在「總和」欄位中寫下做到哪些行為的代碼，並計算達成這些行為的次數總和，就可以每週檢視自己行為與成果之間的關聯程度囉！

讓自己輕易的進入一個「夢想起飛」的情境，你就會獲得「成長與進步」的智慧。而這難得的智慧是什麼？(1)凡人都樂於助人成功↓有資源、(2)凡人都關心自己的未來↓有動能、(3)想做的事可以廢寢忘食↓有盼望、(4)吸引志同道合的同伴↓有團隊，你有悟到了嗎？

課後摘要

1. 養德：品德不是靠「驚人之舉」，而是「烏龜賽跑」。
2. 養業：事業80％不能「守株待兔」，要靠自己「獨立奮戰」。
3. 養信：信用不能「收藏出售」，但可以「收買人心」。
4. 養身：讓自己強壯，沒有「鬆懈假期」，自己「當權當責」。
5. 養廉：企業生存需要強悍，個人價值需要「廉能操守」。
6. 養威：脆弱的本質是恐懼，「視野與格局」可以讓人堅強。
7. 養望：培養才華，但須「內斂」；爭取成功，仍需「謙卑」。
8.
9.
10.

（註：留空的部份，讀者可以自行補充讀後心得喔！）

表格24　金牌業務心智圖

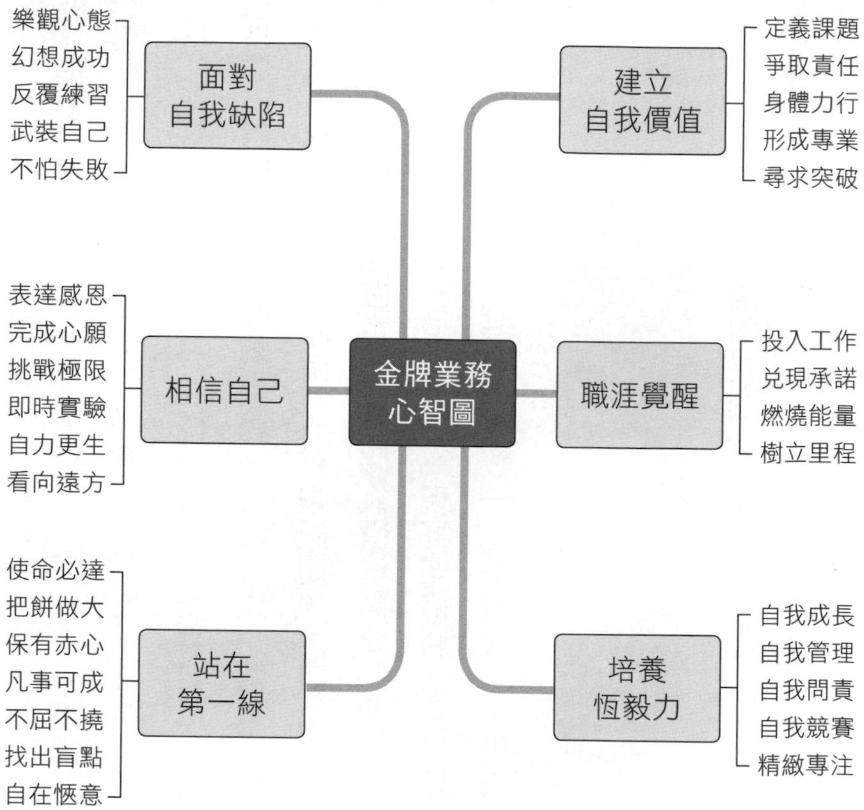
金牌業務
心智圖
面對
自我缺陷
樂觀心態
幻想成功
反覆練習
武裝自己
不怕失敗
建立
自我價值
定義課題
爭取責任
身體力行
形成專業
尋求突破
相信自己
表達感恩
完成心願
挑戰極限
即時實驗
自力更生
看向遠方
職涯覺醒
投入工作
兌現承諾
燃燒能量
樹立里程
站在
第一線
使命必達
把餅做大
保有赤心
凡事可成
不屈不撓
找出盲點
自在愜意
培養
恆毅力
自我成長
自我管理
自我問責
自我競賽
精緻專注

第三十課

怎樣愛理想？如何找價值？

「理想」對於人一生的影響到底是什麼？而價值的衡量，為什麼總是「很難論斷」。靠天吃飯的農漁民，為什麼要守著一方水土，一簍魚蝦呢？自小就立志做番大事的劉備，為何志向不凡？他的價值觀是「到處交朋友，用真心跟人搏感情。」這就是「理想產生價值，價值灌溉理想」。

在有理想且有價值的人面前，我們總是「想得太多，做得太少」。

永福哥，少年時一路北闖到淡水。寫詩、開書店、茹素向佛、成家立業。因未考上大學，提早讓他想當個「成功的企業家」。但要克服重重的挫折、磨難和孤獨，卻絕非易事。

開了八年的書店，他沒有創業成功，而是落寞收場。不但家鄉的父老不懂，他自己也不解。於是，後半段的人生，就在與妻離婚、父親不認、和找不到自己的問題中渡過。但他始終不放棄他自小的理想，就是要「立志做大事」。

一四八年後，《尋找湯姆生——一八七一台灣文化遺產大發現》新書問世，作者歷經十八年田野調查，踏查當年約翰湯姆生走過的台灣路徑，揣摩湯姆生抱持什麼樣的心情初見台灣，為本土「湯姆生影像」研究奠定新的里程碑。本書得到許多國內外學者作家撰文推薦，而讓學者驚豔的是，這個與他們通信往返的筆友，沒有頭銜、沒有他們熟悉的學術背景，而是謙稱自己為「來自南台灣深山小書店老闆」——游永福。

這是媒體對永福哥的報導（https://tinyurl.com/ycpsnw6q）。註定與書為伍的他，以報導文學成為家鄉出名的作家。雖不是文壇巨作，但也是偏鄉值得慶賀之事，並戴上了地方「名人的光環」。出書的那一天，永福哥捻香向已故父親告知此事，心中「百感交集」。

「人生中想要的，跟會得到的，恰好是天秤的兩端；一邊是理想，一邊是價值。」但不管你用的是什麼天秤？拿天秤的那個人永遠是最重要的。所以，永福哥常說：「當你懂得欣賞價值時，你才有機會創造價值。」

年近七旬的他，萬萬沒想到他會用一本「尋找湯姆生」的「價值」，來回饋他的家鄉，也告慰了當年高中時，父親為他挑書去學校的辛勞和期望。有人問他，「為什麼他能點燃希望的價值？要用多少心力才夠去實踐理想呢？」。而此時的永福哥，絕對能「氣定神閒」回答這個不好回答的問題。而他會這樣說：

- 制定短／中／長期的目標、角色與規則。

- 找到「理想知音」，彼此分工、分享、分憂。
- 把理想轉成具體的「自我承諾」。
- 不斷整合及確保足夠的資源。
- 磨練四苦：腦力／自律／寂寞／尊嚴。
- 相信：路是闖出來的，不是走出來的。

相對於永福哥的18年磨一劍；「陳家花園」的誕生，則像松樹的樹苗一樣，默默紮根，等待長成參天大樹。過程中，誌誠對來訪的貴賓講出許多自己的理想與心動。至今令遊客感動不已的竟然是，「想治好皮膚有恙家人」的那顆心。

現在的陳家花園，每天要泡上幾壺香草茶招待落驛不絕的遊客。香氣撲鼻的香草茶不僅吸引人，而背後的精采故事更為人津津樂道。「玫瑰茶呵護女性；蝶豆花茶抗氧化；馬鞭草茶消水去腫；而羅馬洋甘菊茶舒緩安神，助消化……。」這是誌誠每次向來訪賓客的日常解說，「不但感動了別人，也感動了自己」。

誌誠，在鄉下承接父母的餐館，自己當上主廚。每桌客人，他都會奉上一壺香草茶，並為客人解說香草的由來與生長。那副神情，就像父母親跟人說起自己的小孩一樣，充滿「愛與驕傲」。當一個人表現「視如己出」時，一切都會充滿力量，也就是這樣的力量，才帶來了無窮希望和價值。

自己決定要走的路，經常會面臨迷惘，前途未卜和別人的眼光。而矛盾被誤解，和「自我責任」，則會不斷要求你要「想清楚」。當你如果可以「不在意」他人的評價時，其實你也不會計較付出要得到多少代價。「這就是追求理想，追求自由。」

看在別人眼裡，每天忙進忙出的誌誠，到底是「為誰辛苦為誰忙？」。他經常對來訪的客人說：「經營餐廳是我的『工作』，香草園則是我的『歸屬』；一個是肉體，一個是靈魂。」聽者，無不震憾敬佩。曾有寓言故事說到：「三個挑磚夫，一個每天挑數百塊磚頭，一個砌了一面牆，另一個保衛了鄉民」。

看此寓言故事，感觸很深。原來「想法不同，價值就會不同。」古時候，蘇東坡多次被貶官，仕途不甚理想，但卻用文學創作，造就了他的價值。所以，「沒有人可以決定你要走的路，除非你沒有理想。」

1. 「坦承面對」自己的課題，防堵「無端介入」。
2. 苦思「解開繩結」，不如勇敢「揮劍斬繩結」。
3. 把對自我的執著，轉變成對「自我價值」的關注。
4. 選擇不毛之地，持續灌溉，直到「理想變現」為止。
5. 把後路切掉，向前衝。不能自滿，也不能後悔。
6. 縮減常規運作時間，專注最「有價值」的事。
7. 「膽識與堅持」，需要永不滿足，常保傻勁的心智。
8. 「不馬上成功」有必要，但先要找到自己的位置，

9.「理想」重要的不是結果，而是「追求的過程。」

10.「此時不爭更待何時」，是一種「世界是自己」的明白。

想想，很少有事物會一瞬間改變的。即時是小小的改變，有時候都會讓我們氣餒、易怒、歇斯底里、怪東怪西的……。更何況要去追求理想，為自己創造價值呢？所以急不得，有耐心，輕鬆看待就變得很重要的修練，你認為呢？

行動規劃表

行為	代碼	行動規劃	行為說明
提升自己	IY		列出自己的理想二十條，每年完成三條。
內化自己			改變→超越→善待他人→失敗不倒。
保持清醒			嚴守「責備及稱讚」原則，每月紀錄統計。
不急不緩			理解自己→足夠時間→思考未來→即時滿足。
培養獨處			不恐懼→減少疲勞→見到自己成功→永不放棄。
樂觀面對			相信自己→抱持理念→真心渴望→實現自我。
杜絕消極			練習一天打五十通電話給客戶，每通三分鐘。
控制心念			習慣失落→成為自己→想好就做→仰賴希望。
做人為本			明確風格→溝通→自我評估→找到歸屬。
總和			

註：在每篇文章結束時，可利用行動規劃表，記錄自己是否有達成目標，首先將每種行為自行取一個易記的英文縮寫（例如表格中的示範），填在「代碼」欄位中，每當做到其中一個行為時，就在「行動規劃」欄位中記錄次數，一週結束後，在「總和」欄位中寫下做到哪些行為的代碼，並計算達成這些行為的次數總和，就可以每週檢視自己行為與成果之間的關聯程度囉！

你越努力追求理想，則理想會離你更近，這是一種「施受定律」。所有要創造幸福快樂的過程，都需要漫長的時間。如追求理想，滿意現狀，擺脫糾葛，學習新知等。這就是為什麼，一般人不容易達成自己的理想，而有價值的事，都由別人「千辛萬苦」才做到的結果。

課後摘要

1. 內化自己：嚴格「想一套、說一套、做一套。」
2. 保持清醒：「檢討過去」+「預測未來」的方向。
3. 杜絕消極：⑴逃出僵局、⑵拋棄脆弱、⑶增添新機、⑷重建路徑。
4. 培養獨處：一旦放棄一次，就會放棄很多次。
5. 控制心念：最能開創人生的是「適者生存跟穩住自己。」
6. 做人為本：要靠理想來創造「英雄不怕出身低的價值。」
7.
8.
9.
10.

（註：留空的部份，讀者可以自行補充讀後心得喔！）

表格25　建造職場勝利組實施計畫表

職涯規劃	2021	2022	2023	2024	2025
理想狀態					
衡量標準（KPI）					
關鍵成果指標（OKR）					
行動管理5~7項規劃					

NOTE　每個年度實施計畫必須具體／可行／可衡量。

新商業周刊叢書　BW0763

金牌業務的90%成交術：
從百萬到百億的銷售絕學

國家圖書館出版品預行編目(CIP)資料

金牌業務的90%成交術：從百萬到百億的銷售絕學/聶繼承著. -- 初版. -- 臺北市：商周出版：英屬蓋曼群島商家庭傳媒股份有限公司城邦分公司發行, 2021.02
面；　公分
ISBN 978-986-477-979-6(平裝)

1.銷售 2.銷售員 3.職場成功法

496.5　　109021619

作　　者／聶繼承
責任編輯／張智傑
企劃選書／陳美靜
版　　權／黃淑敏、邱珮芸、劉鎔慈
行銷業務／王　瑜、黃崇華、周佑潔、林秀津

總 編 輯／陳美靜
總 經 理／彭之琬
事業群總經理／黃淑貞
發 行 人／何飛鵬
法律顧問／台英國際商務法律事務所 羅明通律師
出　　版／商周出版　台北市中山區民生東路二段141號9樓
電話：(02)2500-7008　傳真：(02)2500-7759
E-mail：bwp.service@cite.com.tw
發　　行／英屬蓋曼群島商家庭傳媒股份有限公司 城邦分公司
台北市104民生東路二段141號2樓
讀者服務專線：0800-020-299 24小時傳真服務：(02) 2517-0999
讀者服務信箱E-mail: cs@cite.com.tw
劃撥帳號：19833503 戶名：英屬蓋曼群島商家庭傳媒股份有限公司城邦分公司
訂購服務／書虫股份有限公司客服專線：(02) 2500-7718；2500-7719
服務時間：週一至週五上午09:30-12:00；下午13:30-17:00
24小時傳真專線：(02) 2500-1990；2500-1991
劃撥帳號：19863813 戶名：書虫股份有限公司
E-mail: service@readingclub.com.tw
香港發行所／城邦(香港)出版集團有限公司
香港灣仔駱克道193號東超商業中心1樓
電話：(825)2508-6231　傳真：(852)2578-9337
E-mail：hkcite@biznetvigator.com
馬新發行所／城邦(馬新)出版集團
Cite (M) Sdn Bhd
41, Jalan Radin Anum, Bandar Baru Sri Petaling, 57000 Kuala Lumpur, Malaysia.
電話：(603) 9057-8822 傳真：(603) 9057-6622 E-mail: cite@cite.com.my

封面製作／黃宏穎　　美術編輯／劉依婷　　印刷／韋懋實業有限公司
經銷商／聯合發行股份有限公司　電話：(02)2917-8022　傳真：(02) 2911-0053
地址：新北市231新店區寶橋路235巷6弄6號2樓

ISBN 978-986-477-979-6　
定價／370元

城邦讀書花園
www.cite.com.tw

2021年02月03日初版1刷
2021年05月17日初版3.5刷